| 개정판 |

모아
전기산업기사

실기 핵심이론+문제풀이

모아합격전략연구소

전기산업기사 자격시험 알아보기

01 전기산업기사는 어떤 업무를 담당하는가?

A. 전기는 관련설비의 시공과 작동에 있어서 전문성이 요구되는 분야로 전기기계기구의 설계, 제작, 관리 등과 전기설비를 구성하는 모든 기자재의 규격, 크기, 용량 등을 산정하기 위한 계산 및 자료의 활용을 하며 전기설비의 설계, 도면 및 시방서 작성, 점검 및 유지, 시험작동, 운용관리 등에 전문적인 역할과 전기안전 관리 담당자로서의 업무를 수행합니다.

02 전기산업기사 자격시험은 어떻게 시행되는가?

시행기관
한국산업인력공단

시험과목(필기)
전기자기학
전력공학
전기기기
회로이론
전기설비기술기준

시험과목(실기)
전기설비설계 및 관리

검정방법(필기)
객관식 과목당 20문항
(과목당 30분)

검정방법(실기)
필답형 2시간

합격기준
필기 : 100점 만점에 과목당 40점 이상
전과목 평균 60점 이상
실기 : 100점 만점에 60점 이상

03 전기산업기사 자격시험은 언제 시행되는가?

구분	필기원서접수	필기시험	필기 합격자 발표 (예정자)	실기 원서접수	실기 시험	최종 합격자 발표일
2024년 제1회	01.23 ~ 01.26	02.15 ~ 03.07	03.13(수)	03.26 ~ 03.29	04.27 ~ 05.12	06.18(화)
2024년 제2회	04.16 ~ 04.19	05.09 ~ 05.28	06.05(수)	06.25 ~ 06.28	07.28 ~ 08.14	09.10(화)
2024년 제3회	06.18 ~ 06.21	07.05 ~ 07.27	08.07(수)	09.10 ~ 09.13	10.19 ~ 11.08	12.11(수)

자세한 시험일정과 정보는 큐넷(https://www.q-net.or.kr)을 참고 바랍니다.

04 전기산업기사 최근 합격률은 어떠한가?

연도	필기			실기		
	응시	합격	합격률	응시	합격	합격률
2023	29,955명	5,607명	18.72%	11,159명	5,641명	50.55%
2022	31,121명	6,692명	21.50%	16,223명	3,917명	24.10%
2021	37,892명	6,991명	18.40%	18,416명	5,020명	27.30%
2020	34,534명	8,706명	25.20%	18,082명	4,955명	27.40%
2019	37,091명	6,629명	17.90%	13,179명	4,486명	34.04%
2018	30,920명	6,583명	21.30%	12,331명	4,820명	39.10%
2017	29,428명	5,779명	19.60%	12,159명	4,334명	35.60%

05 전기산업기사 자격시험 응시 사이트는 어디인가?

A. 큐넷(http://www.q-net.or.kr) 원서 접수는 온라인(인터넷, 모바일앱)에서만 가능합니다. 스마트폰, 태블릿PC 사용자는 모바일앱 프로그램을 설치한 후 접수 및 취소, 환불서비스를 이용하시기 바랍니다.

참 잘 만들어서 참 공부하기 쉬운
모아 전기산업기사 실기 핵심이론+문제풀이

이 책의 특징 살짝 엿보기

① 원인 : 호흡작용으로 인한 변압기
② 현상 : 절연유의 절연내력을 저하시키
(3) 열화방지설비
 ① 브리더(흡습호흡기) 설치 : 브리더를 통해
 ② 질소봉입 : 콘서베이터 내의 상부공간에 질소
   의 직접 접촉이 없어서 절연유의 열화를 방지
 ③ 콘서베이터 설치 : 절연유와 공기의 직접적인

■ 냉각 방식

냉각 방식		
		건식 자냉식
		건식 풍냉식 ONAF
유입식		ONWF
	송유 자냉식	OFAN
	송유 풍냉식	OFAF
	송유 수냉식	OFWF

(1) 첫 번째 글자 : 내부 냉각매체(A : 공기, O : 절연유)
(2) 두 번째 글자 : 내부 냉각매체 순환 방식(N : 자연 순환 방식, F : 강제 순환 방식)
(3) 세 번째 글자 : 외부 냉각매체(A : 공기, W : 물)
(4) 네 번째 글자 : 외부 냉각매체 순환 방식(N : 자연 순환 방식, F : 강제 순환 방식)

핵심내용으로 끝내기

수험생이 **알아야 할 내용**을
요약 · 정리했으며 유사한 개념은
표로 비교하며 구분할 수 있게 구성했습니다.

그림으로 이해하기

이론과 관련된 **다양한 시각적 자료**를
제공하여 수험생이 **이해하고 암기하기**
쉽게 구성했습니다.

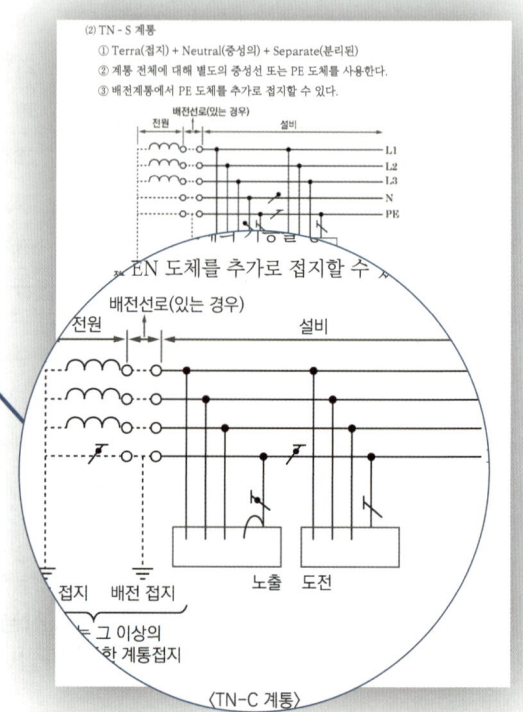

연습문제로 정리하기

출제빈도나 중요성, 이론과의 연계 등을
고려하여 반드시 **풀어야 할 문제**를
선별했습니다.

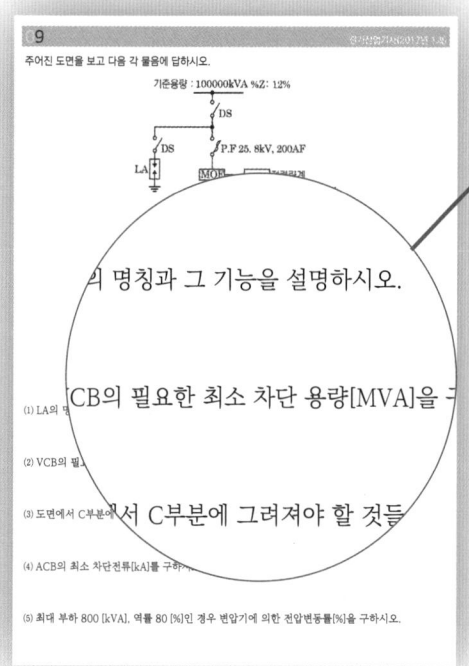

해설까지 한번에 확인하기

문제와 해설을 연계해 배치하여
모르는 부분을 바로 확인하며
학습효율을 극대화할 수 있게 했습니다.

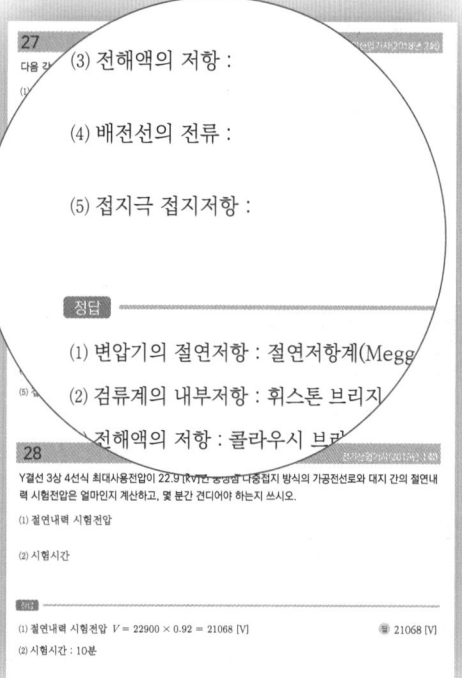

전기산업기사 실기 핵심이론+문제풀이
13일만에 완성하기

하루 소요 공부예정시간
대략 평균 3시간

📝 모아 전기산업기사 실기 핵심이론+문제풀이

DAY 1 ~ 2
- Chapter 01 변전설비
- Chapter 01 변전설비 연습문제

✏ 학습 Comment
이론에서 학습했던 변압기의 원리와 구조, 결선은 이후 나오는 수변전계통과 연계되므로 꼼꼼하게 학습하고 내용을 이해해주세요.

DAY 3 ~ 5
- Chapter 02 송배전
- Chapter 02 송배전 연습문제

✏ 학습 Comment
송배전은 분량이 많으므로 이틀에 걸쳐 학습해주세요. 전력공학에서 공부한 내용을 바탕으로 공부해주시고 계산문제가 많은 단원이므로 직접 연습문제를 풀어보며 풀이과정을 손에 익혀야 합니다.

DAY 6 ~ 7
- Chapter 03 보호설비
- Chapter 03 보호설비 연습문제

✏ 학습 Comment
단답형에 관련된 문제가 주로 출제되고 있어 이론을 정리하며 학습하기를 추천드립니다.
그리고 결선도와 차단기계산 문제들도 충분히 연습해주세요.

DAY 8 ~ 9
- Chapter 04 수변전계통 및 연습문제
- Chapter 05 전력설비 및 연습문제

✏ 학습 Comment
수변전계통에서는 도면기호를 묻는 문제가 자주 나오므로 완벽히 암기한 후 결선도를 스스로 해석하면서 학습해주세요.
전력설비에서는 변압기의 용량 산정에 대한 문제 및 문제풀이를 완벽하게 이해할 수 있어야 합니다.

DAY 10
- Chapter 06 부하설비 및 연습문제

✏ 학습 Comment
전기기기의 용량과 출력에 관련된 계산문제가 자주 출제되고 있으므로 관련 계산공식은 필수로 학습해주세요.
조명의 용어와 계산문제도 자주 나오는 부분이니 충분히 연습해주셔야 합니다.

DAY 11 ~ 12
- Chapter 07 시퀀스
- Chapter 07 시퀀스 연습문제

✏ 학습 Comment
기본적인 기호를 숙지한 후 무접점, 유접점, 진리표, 타임차트를 자유롭게 변환할 수 있도록 학습해주세요.
너무 어려운 시퀀스 회로는 체크만 해두고 충분히 연습한 후 도전하기를 추천드립니다.

DAY 13
- Chapter 08 감리 및 연습문제

✏ 학습 Comment
한번에 모두 외우려고 집착하기보다는 앞 단원들을 공부하며 남는 시간에 틈틈이 암기해주세요.

2024 모아 전기산업기사 시리즈

실기

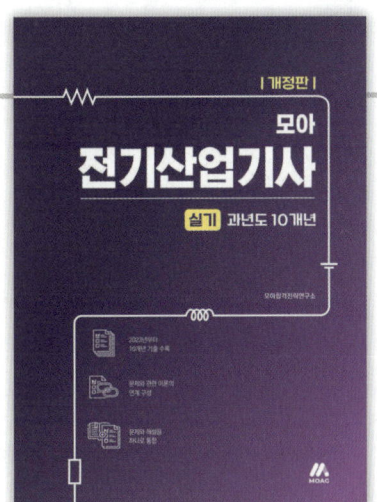

필기

막힘없이 달려가다 보면
가끔은 막막한 순간이 다가올 때가 있습니다

"어떤 길을 걸어야 하지?"
"얼마나 걸어야 할까?"
"이제 어떻게 걸어야 하지…?"

본 교재가 수많은 물음표에 느낌표가 되어드리겠습니다.
믿고 도전해 보세요.

천천히 걷다 보면 어느새 그리던 목적지가 나타날 것입니다.
그 곳을 향해 함께 걸어가겠습니다.

합격을 응원합니다.

- 김영언 드림

| 개정판 |

모아
전기산업기사

실기 핵심이론+문제풀이

모아합격전략연구소

이 책의 순서

핵심이론+문제풀이

Ch 01 변전설비

- 01 전기공급 방식과 배전선로 ······ 014
- 02 변압기와 부하 ······ 015
- 03 변압기유 ······ 017
- 04 변압기 이론 ······ 018
- 05 변압기의 시험과 손실 ······ 019
- 06 효율 ······ 020
- 07 변압기의 보호장치 ······ 021
- 08 변압기의 결선 ······ 022
- 09 특수 변압기 ······ 025
- ■ 연습문제 ······ 028

Ch 02 송배전

- 01 이도(처짐정도) ······ 040
- 02 케이블 ······ 041
- 03 송전전압, 수전전압 ······ 042
- 04 전압강하 및 전력손실 ······ 043
- 05 접지선의 온도상승 ······ 045
- 06 고장계산 ······ 046
- 07 축전지의 종류 ······ 047
- 08 축전지 용량식 ······ 049
- 09 직, 병렬콘덴서 ······ 050
- 10 부하 ······ 053
- 11 유도장해 ······ 054
- 12 이상현상 ······ 057
- 13 모선 방식 ······ 058
- 14 배전 방식 ······ 058
- 15 부하의 상정 ······ 062
- 16 배선 방법(내선규정 2210-1) ······ 064
- 17 심야전력기기 ······ 066
- 18 부하중심점 거리 ······ 067
- 19 분기회로 과전류 차단기 ······ 067
- ■ 연습문제 ······ 068

Ch 03 보호설비

- 01 개폐기와 계전기 ······ 087
- 02 계기용 변성기 ······ 090
- 03 차단기 ······ 093
- 04 피뢰기 ······ 097
- 05 서지보호기 ······ 099
- 06 접지와 보호도체 ······ 101
- 07 계통접지 ······ 103
- 08 절연보호 ······ 107

■ 연습문제 ·········· 110

Ch 04 수변전계통

01 CB 1차 측에 CT를 CB 2차 측에 PT를 시설하는 경우 ·········· 129
02 CB 1차 측에 CT와 PT를 시설하는 경우 ·········· 130
03 CB 1차 측에 PT를 CB 2차 측에 CT를 시설하는 경우 ·········· 131
04 22.9 [kV - Y] 1000 [kVA] 이하를 시설하는 경우 ·········· 132
05 도면 기호 ·········· 133
06 계전기 번호 ·········· 135
■ 연습문제 ·········· 136

Ch 05 전력설비

01 전력설비 ·········· 158
02 전력설비의 계산 ·········· 163
■ 연습문제 ·········· 165

Ch 06 부하설비

01 전기기기 ·········· 172

02 조명설계 ·········· 175
03 도면 ·········· 180
■ 연습문제 ·········· 182

Ch 07 시퀀스

01 논리소자 ·········· 192
02 시퀀스 기본 표시 ·········· 192
03 논리식 ·········· 194
04 전동기 기동 회로 ·········· 197
05 PLC제어 ·········· 199
■ 연습문제 ·········· 201

Ch 08 감리

01 용어 ·········· 218
02 감리원 ·········· 219
03 발주자, 담당자의 업무 범위 ·········· 221
04 공사착공 단계 감리업무 ·········· 222
05 공사시행 단계 감리업무 ·········· 225
06 시설물의 인수 · 인계 관련 감리업무 ·········· 236
■ 연습문제 ·········· 237

모아 전기산업기사 실기

핵심이론+문제풀이

CHAPTER 01 변전설비

01 전기공급 방식과 배전선로

1 전기공급 방식

구분	결선 방식	공급 전력 (선간 기준)	공급 전력 (상 기준)
단상 2선식		$P_1 = VI$	$P_1 = EI$
단상 3선식			$P_2 = 2EI$
3상 3선식		$P_3 = \sqrt{3}\,VI$	$P_3 = \sqrt{3}\,EI$
3상 4선식			$P_4 = 3EI$

2 배전선로의 구성

(1) 배전선로

변전소로부터 직접 수용 장소에 이르는 선

(2) 급전선(Feeder)

변전소와 간선 사이 부하가 접속되어 있지 않은 선

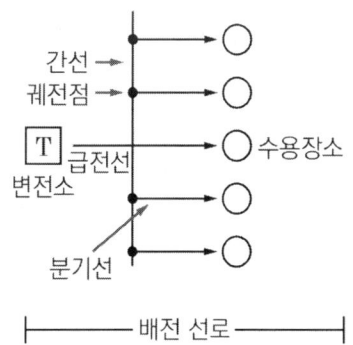

(3) 간선(Main Line)

① 급전선에 접속되어 부하로 전력을 공급하는 선

② 분기선을 통하여 배전하는 선로

(4) 분기선(Branch Line)

간선으로부터 분기한 선(가지 모양)

(5) 궤전점

① 급전선과 분기선의 접속점

② 급전선과 간선의 접속점

(6) 변전소

변전소의 밖으로부터 전송받은 전기를 변전소 안에 시설한 변압기·전동발전기·회전변류기·정류기 그 밖의 기계기구에 의하여 변성하는 곳으로서 변성한 전기를 다시 변전소 밖으로 전송하는 곳

(7) 개폐소

개폐소 안에 시설한 개폐기 및 기타 장치에 의하여 전로를 개폐하는 곳으로서 발전소·변전소 및 수용장소 이외의 곳

(8) 급전소

전력계통의 운용에 관한 지시 및 급전조작을 하는 곳

02 변압기와 부하

1 수용률, 부등률, 부하율

(1) 수용률

① 수용설비가 동시에 사용되는 정도

② 수용률 = $\dfrac{\text{최대수용전력}}{\text{총 부하설비 용량}} \times 100$ [%]

(2) 부등률

① 동시간대 변압기에서 사용하는 합성 전력과 각 시간별 최대수용전력 합의 비

② 부등률 = $\dfrac{\text{수용설비 각각의 최대수용전력의 합}}{\text{합성 최대수용전력}} \geq 1$

③ 합성최대전력 = $\dfrac{\text{설비 용량} \times \text{수용률}}{\text{부등률}}$

(3) 부하율

① 어느 기간 중의 부하변동의 정도
② 부하율이 클수록 공급설비가 유효하게 사용
③ 부하율 = $\dfrac{\text{평균수용전력}}{\text{합성 최대수용전력}} \times 100$ [%]
④ 부하율은 부등률에 비례, 수용률에 반비례

(4) 임의 기간별 부하율 계산

일부하율	월부하율	연부하율
전력량 / 24 일 최대전력	전력량 / 24 × 30 월 최대전력	전력량 / 24 × 365 연 최대전력

(5) 변압기의 용량 선정

변압기 용량 = $\dfrac{\text{설비 용량} \times \text{수용률}}{\text{부등률} \times \text{역률} \times \text{효율}} \times 100$ [%]

2 손실계수

(1) 정의 : 어떤 임의의 기간 중의 최대손실전력에 대한 평균손실전력의 비

(2) 손실계수 = $\dfrac{\text{평균손실전력}}{\text{최대손실전력}}$

(3) 부하율(F)과 손실계수(H)의 관계

① $1 \geq F \geq H \geq F^2 \geq 0$
② $H = \alpha F + (1-a)F^2$ $\qquad\qquad\qquad\qquad\qquad$ α : 부하율 F에 따른 계수

03 변압기유

1 변압기 열화

(1) 변압기의 호흡작용

변압기 외부 온도와 내부에서 발생하는 열에 의해 변압기 내부에 있는 절연유의 부피가 수축 팽창하게 되고 이로 인하여 외부의 공기가 변압기 내부로 출입하게 되는 작용

(2) 변압기 열화

① 원인 : 호흡작용으로 인한 변압기 내부에 수분 및 불순물이 혼입
② 현상 : 절연유의 절연내력을 저하시키고 침전물이 발생

(3) 열화방지설비

① 브리더(흡습호흡기) 설치 : 브리더를 통해 공기 중의 습기 흡수
② 질소봉입 : 콘서베이터 내의 상부공간에 질소를 봉입한 후 밀봉한 방식으로 공기와의 직접 접촉이 없어서 절연유의 열화를 방지
③ 콘서베이터 설치 : 절연유와 공기의 직접적인 접촉을 차단하기 위해 설치

2 냉각 방식

냉각 방식		약호
건식	건식 자냉식	AN
	건식 풍냉식	AF
	건식 밀폐 자냉식	ANAN
유입식	유입 자냉식	ONAN
	유입 풍냉식	ONAF
	유입 수냉식	ONWF
	송유 자냉식	OFAN
	송유 풍냉식	OFAF
	송유 수냉식	OFWF

(1) 첫 번째 글자 : 내부 냉각매체(A : 공기, O : 절연유)

(2) 두 번째 글자 : 내부 냉각매체 순환 방식(N : 자연 순환 방식, F : 강제 순환 방식)

(3) 세 번째 글자 : 외부 냉각매체(A : 공기, W : 물)

(4) 네 번째 글자 : 외부 냉각매체 순환 방식(N : 자연 순환 방식, F : 강제 순환 방식)

3 변압기 절연물의 종류

종류	Y종	A종	E종	B종	F종	H종	C종
온도	90 [℃] 이하	105 [℃] 이하	120 [℃] 이하	130 [℃] 이하	155 [℃] 이하	180 [℃] 이하	180 [℃] 초과

04 변압기 이론

1 변압기 권수비

$$a = \frac{E_1}{E_2} = \frac{N_1}{N_2} = \frac{V_1}{V_2} = \frac{I_2}{I_1} = \sqrt{\frac{Z_1}{Z_2}} = \sqrt{\frac{R_1}{R_2}} = \sqrt{\frac{X_1}{X_2}}$$

2 전압변동률 및 %임피던스 강하

(1) 전압변동률 $\epsilon = \dfrac{V_{20} - V_{2n}}{V_{2n}} \times 100\,[\%]$

$\epsilon = p\cos\theta \pm q\sin\theta$ (+는 지상역률일 때, -는 진상역률일 때)

(2) %임피던스 강하(%Z) : 정격전류에 의한 임피던스 강하

$$\%Z = \frac{I_{1n}Z_s{'}}{V_{1n}} \times 100 = \frac{V_s}{V_{1n}} \times 100\,[\%] = \frac{PZ}{10V^2}$$

$V_{1n}[\text{V}]$: 1차 정격전압, $V_s[\text{V}]$: 임피던스 전압, $V[\text{kV}]$: 전압, $P[\text{kW}]$: 출력

(3) %저항강하(%$R = p$) : 정격전류에 의한 저항강하를 백분율로 표현한 것

$$p = \frac{I_{2n}R_2}{V_{2n}} \times 100 = \frac{I_{1n}R_1}{V_{1n}} \times 100 = \frac{I_{1n}^2 R_1}{V_{1n}I_{1n}} \times 100 = \frac{P_c}{P_n} \times 100 = \frac{PR}{10V^2}$$

P_n : 정격 용량, P_c : 동손, $V[\text{kV}]$: 전압, $P[\text{kW}]$: 출력

(4) %리액턴스 강하(%$X = q$) : 정격전류에 의한 리액턴스 강하

$$q = \frac{I_{2n}X_2}{V_{2n}} \times 100 = \frac{I_{1n}X_1}{V_{1n}} \times 100\,[\%] = \frac{PX}{10V^2}$$

$V[\text{kV}]$: 전압, $P[\text{kW}]$: 출력

05 변압기의 시험과 손실

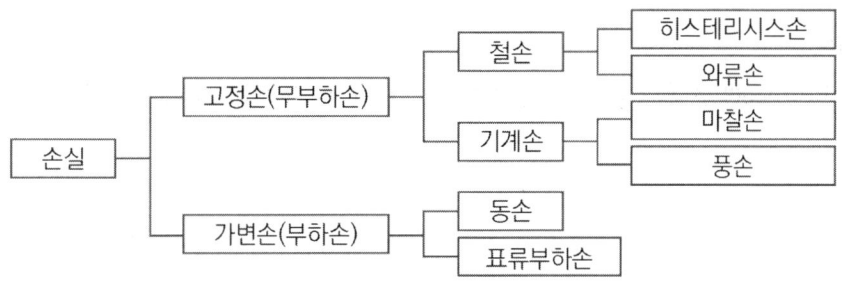

1 변압기 개방시험

(1) 고정손(무부하손)

① 철손(P_i) : 시험용 변압기의 2차 측을 개방한 상태에서 정지형 전압조정기를 조정하여 교류전압계의 지시값이 1차 정격전압값과 같을 때의 전력계 지시값

- 히스테리시스손 : 자화시키는 방향을 바꿀 때마다 발생하는 자화에너지 손실

$$P_h = K_h f B_m^{1.6 \sim 2} \, [\text{W/m}^3]$$

K_h : 재질계수, f : 주파수, B_m : 최대자속밀도

- 와류손 : 맴돌이 전류가 도체의 저항 때문에 줄 열이 발생하여 생기는 전력손실

$$P_e = K_e (K_f t f B_m)^2 \, [\text{W/m}^3]$$

K_e : 재질계수, K_f : 전원전압의 파형률, t : 철판 두께

② 기계손(P_m) : 풍손, 베어링 마찰손, 브러시 마찰손

2 변압기 단락시험

(1) 가변손(부하손)

① 동손(P_c) : 교류전력계의 지시값을 기준온도 75 [℃]로 환산한 값(임피던스와트)

- 전기자동손 $P_a = I_a^2 R_a$
- 계자동손 $P_f = I_f^2 R_f$

② 표유 부하손(P_s) : 철손, 기계손, 동손 이외의 손실

(2) 임피던스 전압

시험용 변압기의 2차 측을 단락한 상태에서 정지형 전압조정기를 조정하여 1차 측 전류가 1차 정격전류와 같을 때의 1차 측 단자전압

(3) %임피던스 = $\dfrac{\text{임피던스 전압}}{\text{1차 정격전압}} \times 100 \, [\%]$

06 효율

1 실측효율

(1) 기기의 입력과 출력을 실제로 측정하여 이에 의해 출력을 입력으로 나누어서 구한 효율

(2) 실측 효율 $\eta = \dfrac{출력}{입력} \times 100\,[\%]$

2 규약효율

기기의 입력과 출력을 직접 측정하여 [출력/입력]을 효율로 하지만 이는 출력 및 입력을 정확하게 측정하기가 매우 어렵기 때문에 일반적으로 규약효율을 사용

(1) 변압기, 발전기 규약효율 $\eta_G = \dfrac{출력}{출력 + 손실} \times 100\,[\%]$

(2) 전동기 규약효율 $\eta_M = \dfrac{입력 - 손실}{입력} \times 100\,[\%]$

(3) 전부하 시 효율 $\eta = \dfrac{V_{2n} I_{2n} \cos\theta}{V_{2n} I_{2n} \cos\theta + P_i + P_c} \times 100\,[\%]$

(4) $\dfrac{1}{m}$ 부하로 운전 시 효율 $\eta_{\frac{1}{m}} = \dfrac{\dfrac{1}{m} V_{2n} I_{2n} \cos\theta}{\dfrac{1}{m} V_{2n} I_{2n} \cos\theta + P_i + \left(\dfrac{1}{m}\right)^2 P_c} \times 100\,[\%]$

(5) 최대효율 조건

① 전부하 시 : 철손(P_i) = 동손(P_c)

② $\dfrac{1}{m}$ 부하 시 : $P_i = \left(\dfrac{1}{m}\right)^2 P_c$, $\dfrac{1}{m} = \sqrt{\dfrac{P_i}{P_c}}$

(6) 하루 중 n시간 운전 시의 효율 $\eta = \dfrac{nP}{nP + 24P_i + nP_c} \times 100\,[\%]$

07 변압기의 보호장치

1 변압기의 사고

(1) 변압기 내부적 원인
  ① 권선의 상간 단락
  ② 층간 단락
  ③ 고·저압 혼촉
  ④ 지락 및 단락사고에 의한 과전류
  ⑤ 절연물 및 절연유의 열화에 의한 절연내력 저하

(2) 외부적 원인
  ① 뇌서지의 침입
  ② 2차 측 외부 단락
  ③ 과부하 운전

2 변압기 보호용 계전기

(1) 온도 계전기 : 설정한 온도 이상 또는 이하로 전기회로를 개폐하는 장치

(2) 과전류 계전기 : 과부하 또는 단락, 지락 시 과전류 검출

(3) 부흐홀츠 계전기 : 절연유의 온도 상승 시 발생하는 유증기를 검출하여 경보 및 차단하는 계전기

(4) 충격 압력 계전기 : 내압의 급격한 상승 감지

(5) 방압안전장치 : 변압기 내부에서 일정 압력을 초과할 때 압력을 방출하여 변압기의 외함에 대한 변형이나 파손을 방지

(6) 가스 검출 계전기 : 변압기 내부결함으로 발생하는 가스를 검출

(7) 차동 계전기 : 내부고장 보호용으로 전류차가 동작전류 이상일 때 동작

(8) 비율 차동 계전기 : 내부고장 보호용으로 전류차의 비율이 일정값 이상일 때 동작

08 변압기의 결선

1 변압기 결선 방식의 특징

(1) $\Delta - \Delta$ 결선

① $V_\ell = V_p \angle 0°$

② $I_\ell = \sqrt{3}\, I_p \angle -\dfrac{\pi}{6}$

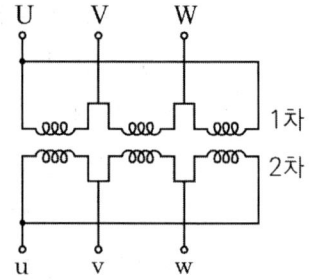

③ 장점
- 제3고조파가 Δ 결선 내를 순환하므로 변압기 외부로 제3고조파가 발생하지 않아 통신장애가 없다.
- 1상이 고장나면 나머지 그대로 V결선 운전이 가능
- 상전류는 선전류의 $\dfrac{1}{\sqrt{3}}$ 배이므로 대전류에 유리

④ 단점
- 중성점을 접지할 수 없으므로 이상전압 및 지락 사고에 대한 보호가 곤란
- 권수비가 서로 다른 변압기를 결선하면 순환전류가 흐른다.
- 각 상의 임피던스가 다른 경우 3상 부하가 평형이 되어도 변압기 부하전류는 불평형이 된다.

(2) Y - Y결선

① $V_\ell = \sqrt{3}\, V_p \angle \dfrac{\pi}{6}$

② $I_\ell = I_p \angle 0°$

③ 장점
- 중성점을 접지할 수 있어서 보호 계전기 동작이 확실함
- V_p가 V_ℓ의 $\dfrac{1}{\sqrt{3}}$ 배이므로 절연이 용이하고, 고전압에 유리

④ 단점
- 선로에 제3고조파가 흘러서 통신선에 유도장애가 발생
- 송·배전계통에 거의 사용하지 않는다.

(3) Y - △결선

① 강압용 변압기에 사용

② 2차 전압은 1차 전압보다 $\dfrac{1}{\sqrt{3}}$배 작다.

③ 2차 전류는 1차 전류보다 $\sqrt{3}$배 크다.

④ 1, 2차 선간전압 사이에 30°의 위상차가 생긴다.

⑤ 1차 측 결선의 중성점을 접지할 수 있다.

⑥ △결선이 있어서 제3고조파의 장해가 적다.

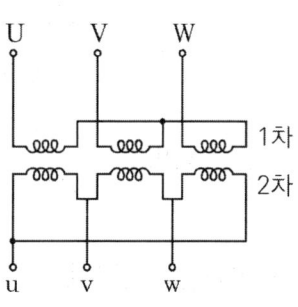

(4) △ - Y결선

① 승압용 변압기에 사용

② 2차 전압은 1차 전압보다 $\sqrt{3}$배 크다.

③ 2차 전류는 1차 전류보다 $\dfrac{1}{\sqrt{3}}$배 작다.

④ 1, 2차 선간전압 사이에 30°의 위상차가 생긴다.

⑤ 2차 측 결선의 중성점을 접지할 수 있다.

⑥ △결선이 있어서 제3고조파의 장해가 적다.

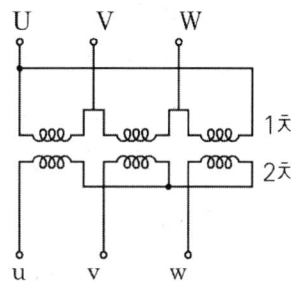

2 상수변환 결선법

(1) 3상을 2상으로 변환 : 스코트(Scott) 결선, 메이어(Meyer) 결선, 우드 브릿지(Wood - Bridge) 결선

(2) 3상을 6상으로 변환 : 2차 2중 △결선, 환상결선, 대각결선, 2차 2중 Y결선, Fork 결선

(3) 스코트결선(T결선)

① 3상 전원에 대해 불평형 부하가 되지 않도록 하는 결선

② 1차 측 : 입력(3상) 측
   2차 측 : 출력(단상) 측

③ T_a (주좌) 변압기 : 1차 권선 중성점에 탭 설치

④ T_b (T좌) 변압기 : 1차 권선 0에서부터 $\dfrac{\sqrt{3}}{2}n$ 지점에 탭 설치

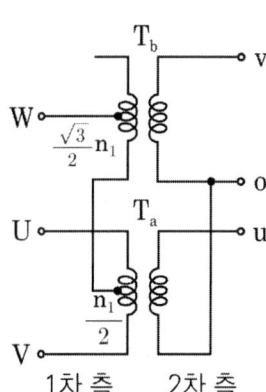

3 V결선 시 이용률과 출력비

(1) 이용률 $= \dfrac{\text{V결선 시 용량}}{2\text{대 용량}} = \dfrac{\sqrt{3}\,VI}{2VI} = \dfrac{\sqrt{3}}{2} \fallingdotseq 0.866$

(2) 출력비 $= \dfrac{\text{V결선 시 3상 출력}}{\triangle\text{결선 시 3상 출력}} = \dfrac{\sqrt{3}\,P_1}{3P_1} = \dfrac{1}{\sqrt{3}} \fallingdotseq 0.577$

4 변압기의 병렬운전

(1) 변압기의 병렬운전 조건
　① 극성이 같을 것
　② 권수비, 1·2차 정격전압이 같을 것
　③ %임피던스 강하가 같을 것
　④ 내부저항 및 리액턴스의 비가 같을 것
　⑤ 상회전 방향 및 위상 변위가 같을 것(3상일 때)

(2) 부하분담
　① 용량에 비례하고, %임피던스에는 반비례
　② 관계식 : $\dfrac{I_A}{I_B} = \dfrac{[kVA]_A}{[kVA]_B} \times \dfrac{\%Z_B}{\%Z_A}$

　　　　　　　　　　　　　　　$[kVA]_A$: 변압기 A 용량, $[kVA]_B$: 변압기 B 용량

(3) 병렬운전 조건 조합
　• Y - △의 비가 홀수비를 갖는 조합은 병렬운전 불가

운전 가능			운전 불가능		
$Y-Y$	:	$Y-Y$	$Y-Y$	:	$Y-\Delta$
$\Delta-\Delta$	:	$\Delta-\Delta$	$\Delta-\Delta$	:	$\Delta-Y$
$Y-Y$	:	$\Delta-\Delta$	$Y-\Delta$	:	$\Delta-\Delta$
$\Delta-\Delta$	:	$Y-Y$	$\Delta-Y$	:	$Y-Y$
⋮		⋮	⋮		⋮
Y, Δ의 개수가 짝수			Y, Δ의 개수가 홀수		

09 특수 변압기

1 단권변압기

- 고압 측 전압 $E_2 = e_1 + e_2 = E_1 + \dfrac{e_2}{e_1}E_1$

- 자기 용량 $W = (E_2 - E_1)I_2$

- 부하 용량 $= E_2 I_2$

- $\dfrac{\text{부하용량}}{\text{자기용량}} = \dfrac{\text{고압}}{\text{고압} - \text{저압}} = \dfrac{E_2}{E_2 - E_1} = \dfrac{E_2}{e_2}$

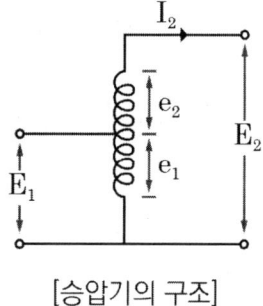

[승압기의 구조]

(1) 특징
　① 하나의 철심에 1차 권선과 2차 권선의 일부를 서로 공유하는 변압기
　② 분로권선과 직렬권선으로 구분

(2) 장점
　① 적은 권선으로 인해 동손이 줄어들어 효율이 높다.
　② 단권으로 동량을 절약할 수 있다.
　③ 분로권선에서 누설자속이 없기 때문에 전압변동률이 적다.

(3) 단점
　① 누설 임피던스가 작아 단락전류가 크다.
　② 1차 측에 이상전압 발생 시 2차 측에도 고전압이 걸려 위험하다.

(4) 용도
　① 초고압 전력용 변압기
　② 승압 및 강압용 변압기

(5) 용량비

사용 변압기	용량비
단권변압기 1대	$\dfrac{\text{자기용량}}{\text{부하용량}} = \dfrac{V_h - V_\ell}{V_h}$
단권변압기 2대(V결선)	$\dfrac{\text{자기용량}}{\text{부하용량}} = \dfrac{2}{\sqrt{3}}\left(\dfrac{V_h - V_\ell}{V_h}\right)$
단권변압기 3대(Y결선)	$\dfrac{\text{자기용량}}{\text{부하용량}} = \dfrac{V_h - V_\ell}{V_h}$
단권변압기 3대(△결선)	$\dfrac{\text{자기용량}}{\text{부하용량}} = \dfrac{V_h^2 - V_\ell^2}{\sqrt{3}\,V_h V_\ell}$

2 3상 변압기

(1) 구조와 적용

① 단상 변압기 3대를 철심으로 조합시켜 하나의 철심에 1·2차 권선을 감은 변압기
② 전력 계통의 3상 변압을 위해 사용
   단상 변압기 3대를 이용 또는 3상 변압기를 사용

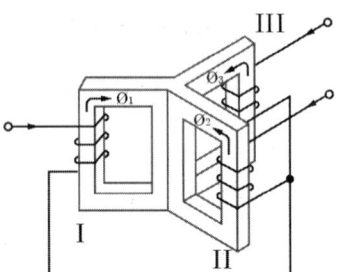

(2) 장점

① 철량이 적어서 철손도 경감되므로 효율이 좋다.
② 경제적이고 설치면적이 작아진다.

(3) 단점

① 1상만 고장 나도 사용이 불가하다.
② 설치 뱅크가 적을 때는 예비기의 설치 비용이 크다.

3 3권선 변압기

(1) 구조 : 한 변압기의 철심에 3개의 권선이 있는 변압기

(2) 특성

① Y - Y - △결선을 하여 제3고조파를 제거할 수 있다.
② 발전소에서 소내용 전력공급이 가능하다.
③ 조상기를 접속하여 송전선의 전압과 역률을 조정할 수 있다.

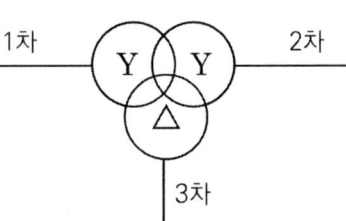

4 탭 전환 변압기

(1) 사용목적 : 부하증감에 따른 전압변동을 최소화시키기 위해서 탭을 조정한다.

(2) 탭 이동에 따른 전압의 변화
  ① 1차 탭을 내리면 2차 전압은 높아지고 탭을 내리면 전압은 낮아진다.
  ② 1차 전압과 2차 전압은 서로 반비례

5 몰드변압기

(1) 정의 : 고압권선과 저압권선을 모두 에폭시 수지로 몰드한 변압기

(2) 몰드변압기 장점
  ① 소형, 경량화할 수 있다.
  ② 난연성이 우수하다.
  ③ 절연유를 사용하지 않으므로 유지보수가 용이하다.
  ④ 전력손실이 적다.
  ⑤ 내습, 내진성이 양호하다.
  ⑥ 단시간 과부하 내량이 높다.

(3) 몰드변압기 단점
  ① 충격파 내전압이 낮다.
  ② 가격이 비싸다.
  ③ 수지층에 차폐물이 없으므로 운전 중 코일 표면과 접촉하면 위험하다.

(4) 몰드변압기의 고장 원인
  지속적 과부하 등으로 인한 과열 및 외부 단락에 의한 사고가 대부분을 차지한다.

(5) 몰드변압기 절연파괴 원인
  ① 낙뢰의 침투
  ② 전원 재투입 및 순간정전에 의한 개폐서지
  ③ 콘덴서의 개폐 또는 이상
  ④ 지속적인 과부하 운전 및 외부 단락사고

CHAPTER 01 | 연습문제

01 전기산업기사(2014년 2회)

변전소의 주요 기능 4가지를 나열하시오.

정답

① 전압의 변성과 조정   ② 전력의 집중과 배분
③ 전력 조류의 제어   ④ 송배전선로 및 변전소의 보호

02 전기산업기사(2017년 3회)

다음 용어에 대하여 서술하시오.

(1) 변전소 :

(2) 개폐소 :

(3) 급전소 :

정답

(1) 변전소 : 발전소에서 생산한 전력을 송전선로나 배전선로를 통하여 수요자에게 보내는 과정에서 전압이나 전류의 성질을 바꾸기 위하여 설치하는 시설
(2) 개폐소 : 개폐소 안에 시설한 개폐기 및 기타 장치에 의하여 전로를 개폐하는 곳으로서 발전소·변전소 및 수용장소 이외의 곳을 말한다.
(3) 급전소 : 전력계통의 운용에 관한 지시 및 급전조작을 하는 곳을 말한다.

03

수용률, 부하율, 부등률의 관계식을 정확하게 쓰고 부하율이 수용률 및 부등률과 일반적으로 어떤 관계인지 비례, 반비례 등으로 설명하시오.

(1) 수용률, 부등률, 부하율의 관계식을 쓰시오.

(2) 부하율이 수용률 및 부등률과 일반적으로 어떤 관계인지 비례, 반비례 등으로 설명하시오.

정답

(1) • 수용률 = $\dfrac{\text{최대수용전력}}{\text{설비 용량}} \times 100\,[\%]$

• 부등률 = $\dfrac{\text{각 개별 수용가 최대수용전력의 합}}{\text{합성 최대전력}}$

• 부하율 = $\dfrac{\text{평균전력}}{\text{합성 최대전력}} \times 100\,[\%]$

(2) 부하율은 부등률에 비례하고 수용률에 반비례

핵심이론

□ 변압기와 부하

(1) 수용률
  ① 수용설비가 동시에 사용되는 정도
  ② 수용률 = $\dfrac{\text{최대수용전력[kW]}}{\text{총 부하설비 용량[kW]}} \times 100\,[\%]$

(2) 부등률
  ① 전력소비기기를 동시에 사용하는 정도
  ② 부등률 = $\dfrac{\text{수용설비 각각의 최대수용전력의 합[kW]}}{\text{합성 최대수용전력[kW]}} \geq 1$
  ③ 합성최대전력 = $\dfrac{\text{설비 용량} \times \text{수용률}}{\text{부등률}}$

(3) 부하율
  ① 공급설비가 어느 정도 유효하게 사용되는가를 나타냄
  ② 부하율이 클수록 공급설비가 유효하게 사용
  ③ 부하율 = $\dfrac{\text{평균수용전력[kW]}}{\text{합성 최대수용전력[kW]}} \times 100\,[\%]$

04

200 [V], 15 [kVA]인 3상 유도전동기를 부하로 사용하는 공장이 있다. 이 공장이 어느 날 1일 사용전력량이 90 [kWh]이고, 1일 최대전력이 10 [kW]일 경우 다음 각 질문에 답하시오. (단, 최대전력일 때의 전류값은 43.3 [A]라고 한다)

(1) 일부하율은 몇 [%]인가?

(2) 최대전력일 때의 역률은 몇 [%]인가?

정답

■ 계산과정

(1) 일부하율 $= \dfrac{90/24}{10} \times 100 = 37.5\,[\%]$

답 37.5 [%]

(2) $\cos\theta = \dfrac{P}{P_a} \times 100 = \dfrac{P}{\sqrt{3}\,VI} \times 100 = \dfrac{10 \times 10^3}{\sqrt{3} \times 200 \times 43.3} \times 100 = 66.67\,[\%]$

답 66.67 [%]

핵심이론

□ 변압기와 부하

(1) 수용률
　① 수용설비가 동시에 사용되는 정도
　② 수용률 $= \dfrac{\text{최대수용전력[kW]}}{\text{총 부하설비 용량[kW]}} \times 100\,[\%]$

(2) 부등률
　① 전력소비기기를 동시에 사용하는 정도
　② 부등률 $= \dfrac{\text{수용설비 각각의 최대수용전력의 합[kW]}}{\text{합성 최대수용전력[kW]}} \geq 1$
　③ 합성최대전력 $= \dfrac{\text{설비 용량} \times \text{수용률}}{\text{부등률}}$

(3) 부하율
　① 공급설비가 어느 정도 유효하게 사용되는가를 나타냄
　② 부하율이 클수록 공급설비가 유효하게 사용
　③ 부하율 $= \dfrac{\text{평균수용전력[kW]}}{\text{합성 최대수용전력[kW]}} \times 100\,[\%]$

05 전기산업기사(2019년 1회)

어느 신설 공장의 부하설비가 표와 같을 때 다음 각 질문에 답하시오.

변압기군	부하의 종류	출력[kW]	수용률[%]	부등률	역률[%]
A	플라스틱 압출기(전동기)	50	60	1.3	80
A	일반 동력 전동기	85	40	1.3	80
B	전등조명	60	80	1.1	90
C	플라스틱 압출기	100	60	1.3	80

(1) 각 변압기군의 최대수용전력은 몇 [kW]인지 구하시오.
   ① A변압기의 최대수용전력

   ② B변압기의 최대수용전력

   ③ C변압기의 최대수용전력

(2) 변압기 효율을 98 [%]로 할 때 각 변압기의 최소 용량은 몇 [kVA]인지 구하시오.
   ① A변압기의 최소 용량

   ② B변압기의 최소 용량

   ③ C변압기의 최소 용량

정답

(1) ① A 변압기 : $P_A = \dfrac{50 \times 0.6 + 85 \times 0.4}{1.3} = 49.23$ [kW]   답 49.23 [kW]

   ② B 변압기 : $P_B = \dfrac{60 \times 0.8}{1.1} = 43.64$ [kW]   답 43.64 [kW]

   ③ C 변압기 : $P_C = \dfrac{100 \times 0.6}{1.3} = 46.15$ [kW]   답 46.15 [kW]

(2) ① A 변압기 : $Tr_A = \dfrac{50 \times 0.6 + 85 \times 0.4}{1.3 \times 0.8 \times 0.98} = 62.79$ [kVA]   답 62.79 [kVA]

   ② B 변압기 : $Tr_B = \dfrac{60 \times 0.8}{1.1 \times 0.9 \times 0.98} = 49.47$ [kVA]   답 49.47 [kVA]

   ③ C 변압기 : $Tr_C = \dfrac{100 \times 0.6}{1.3 \times 0.8 \times 0.98} = 58.87$ [kVA]   답 58.87 [kVA]

06 전기산업기사(2015년 1회)

200 [kVA]의 단상 변압기가 있다. 철손은 1.5 [kW]이고, 전부하 동손은 2.5 [kW]이다. 역률 80 [%]에서의 최대 효율을 계산하시오.

정답

- 최대 효율을 가지는 부하 $\dfrac{1}{m} = \sqrt{\dfrac{P_i}{P_c}} = \sqrt{\dfrac{1.5}{2.5}} = 0.775$

- 효율 $\eta = \dfrac{\dfrac{1}{m}P}{\dfrac{1}{m}P + P_i + \left(\dfrac{1}{m}\right)^2 P_c} \times 100 = \dfrac{0.775 \times 200 \times 0.8}{0.775 \times 200 \times 0.8 + 2 \times 1.5} \times 100 = 97.64\ [\%]$

답 97.64 [%]

07 전기산업기사(2017년 2회)

어느 변압기의 2차 정격전압은 2300 [V], 2차 정격전류는 43.5 [A], 2차 측으로부터 본 합성저항이 0.66 [Ω], 무부하손이 1000 [W]이다. 전부하 시 역률이 100 [%] 및 80 [%]일 때의 효율을 각각 계산하시오.

(1) 전부하 시 역률 100 [%]일 때의 효율[%]

(2) 전부하 시 역률 80 [%]일 때의 효율[%]

정답

(1) $\eta = \dfrac{P_n \cos\theta}{P_n \cos\theta + P_i + P_c} \times 100$

$= \dfrac{2300 \times 43.5 \times 1}{2300 \times 43.5 \times 1 + 1000 + 43.5^2 \times 0.66} \times 100 = 97.8\ [\%]$

답 97.8 [%]

(2) $\eta = \dfrac{P_n \cos\theta}{P_n \cos\theta + P_i + P_c} \times 100$

$= \dfrac{2300 \times 43.5 \times 0.8}{2300 \times 43.5 \times 0.8 + 1000 + 43.5^2 \times 0.66} \times 100 = 97.27\ [\%]$

답 97.27 [%]

08

그림은 발전기의 상간 단락보호 계전 방식을 도면화한 것이다. 이 도면을 보고 다음 각 질문에 답하시오.

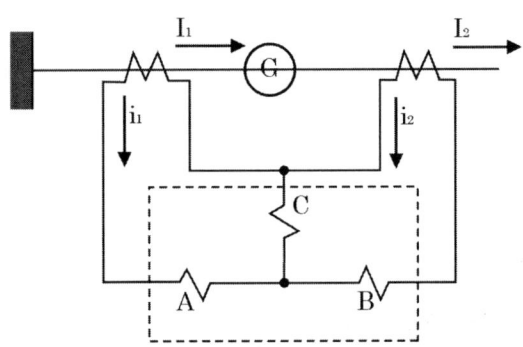

(1) 점선 안의 계전기 명칭은 무엇인지 적으시오.

(2) 동작코일은 A, B, C의 코일 중 어느 것인지 적으시오.

(3) 발전기 내에서 상간 단락이 발생했을 때 코일 C의 전류(i_d)는 어떻게 표현되는지 적으시오.

(4) 동기 발전기를 병렬운전하기 위한 조건 3가지만 적으시오.

정답

(1) 비율차동 계전기

(2) C 코일

(3) $i_d = |i_1 - i_2|$

(4) • 기전력의 파형이 같을 것
 • 기전력의 주파수가 같을 것
 • 기전력의 위상이 같을 것
 • 기전력의 크기가 같을 것

09 전기산업기사(2018년 2회)

변압기 병렬운전 조건을 3가지만 쓰시오.

정답

- 극성이 일치할 것
- 1, 2차 정격전압(권수비)이 같은 것
- %임피던스 강하(임피던스 전압)가 같을 것

핵심이론

□ 변압기 병렬운전 조건
 (1) 극성이 같을 것
 (2) 권수비, 1, 2차 정격전압이 같을 것
 (3) %임피던스 강하가 같고, 저항/리액턴스의 비가 같을 것
 (4) 상회전 방향 및 위상 변위가 같을 것(3상일 때)

10 전기산업기사(2019년 3회)

어떤 공장의 수전설비에서 100 [kVA] 단상 변압기 3대를 △결선하여 273 [kW] 부하에 전력을 공급하고 있다. 단상 변압기 1대가 고장이 발생하여 단상 변압기 2대로 V결선하여 전력을 공급할 경우 다음 각 물음에 답하시오. (단, 부하역률은 1로 계산한다)

(1) V결선으로 하여 공급할 수 있는 최대전력[kW]을 구하시오.

(2) V결선된 상태에서 273 [kW] 부하 전체를 연결할 경우 과부하율[%]을 구하시오.

정답

(1) • V결선 시 3상 용량 $P_V = \sqrt{3}\,P_1 = \sqrt{3} \times 100 = 173.21$ [kVA]
 • 공급 최대 용량 $P = P_V \cos\theta = 173.21 \times 1 = 173.21$ [kW]　　　답 173.21 [kW]

(2) 과부하율 $= \dfrac{\text{부하용량}}{\text{공급용량}} = \dfrac{273}{173.21} \times 100 = 157.61$ [%]　　　답 157.61 [%]

11

다음 단선도용 심벌을 보고 복선도를 그리시오.

정답

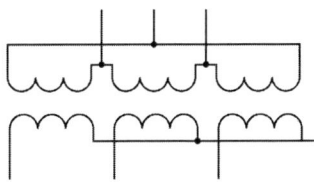

12

그림과 같이 단상 변압기 3대가 있다. 다음 각 물음에 답하시오.

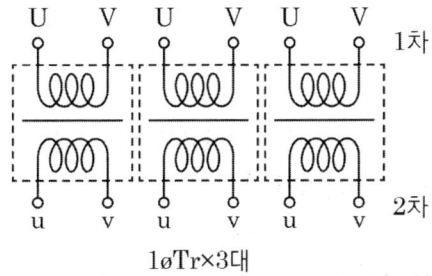

1øTr×3대

(1) 이 단상 변압기 3대를 △-△결선이 되도록 도면에 직접 그리시오.
(2) △-△결선으로 운전하던 중 한 상의 변압기(T1)에 고장이 생겨 이것을 분리하고 나머지 2대로 3상 전력을 공급하고자 한다. 이때 사용되는 결선의 명칭은 무엇이며, △결선에 대한 이 결선의 출력비는 몇 [%]가 되는지 계산하고 결선도를 완성하시오.

① 결선의 명칭 :

② △결선과의 출력비

③ 결선도(T1 변압기 고장 시)

정답

(1)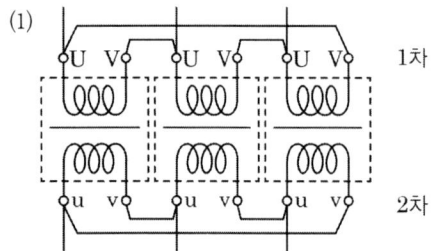

(2) ① 결선의 명칭 : V - V결선

② △결선과의 출력비 = $\dfrac{V결선\ 출력}{3상\ 출력}$ = $\dfrac{\sqrt{3}\,VI}{3\,VI}$ = $\dfrac{1}{\sqrt{3}}$ × 100 = 57.74 [%]

답 57.74 [%]

③ 결선도(T1 변압기 고장 시)

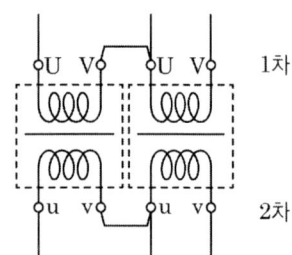

13 전기산업기사(2015년 2회)

그림과 같은 단상 변압기에서 전압 V_1을 V_2로 승압하고자 한다. 다음 각 질문에 답하시오. (단, 탭(Tab) 전압 1차 측은 3150 [V], 2차 측은 210 [V]이다)

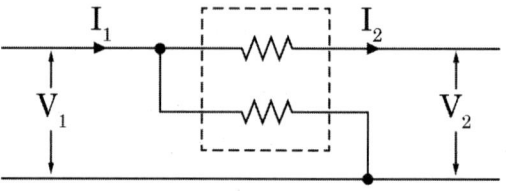

(1) V_1이 3000 [V]인 경우 V_2는 몇 [V]가 되는지 계산하시오.

(2) I_1이 25 [A]인 경우 I_2는 몇 [A]가 되는지 계산하시오. (단, 변압기의 임피던스, 여자전류 및 손실은 무시한다)

정답

(1) $V_2 = V_1\left(1 + \dfrac{1}{a}\right) = 3000 \times \left(1 + \dfrac{210}{3150}\right) = 3200 \text{ [V]}$

답 3200 [V]

(2) 입력 $P_1 = V_1 I_1 = 3000 \times 25 = 75000 \text{ [VA]}$

이상 변압기 조건에서 입력 = 출력이므로

출력 $P_2 = V_2 I_2$에서 $I_2 = \dfrac{P_2}{V_2} = \dfrac{75000}{3200} = 23.44 \text{ [A]}$

답 23.44 [A]

14   전기산업기사(2019년 3회)

유입변압기에 비하여 몰드변압기의 장점 및 단점을 각각 3가지씩 쓰시오. (단, 가격 또는 비용에 대한 내용은 답에서 제외한다)

정답

(1) 장점
　① 소형, 경량화할 수 있다.
　② 비폭발성이며 난연성이 우수하다.
　③ 절연유를 사용하지 않으므로 유지보수가 용이하다.
　④ 내습, 내진성이 양호하다.
　⑤ 소음과 진동이 작다.

(2) 단점
　① 충격파 내전압이 낮다.
　② 옥외설치가 곤란하다.
　③ 수지층에 차폐물이 없으므로 운전 중 코일 표면과 접촉하면 위험하다.
　④ 대용량으로 제작이 어렵다.

> 핵심이론

□ 몰드변압기
  (1) 몰드변압기 장점
    ① 소형, 경량화할 수 있다.
    ② 난연성이 우수하다.
    ③ 절연유를 사용하지 않으므로 유지보수가 용이하다.
    ④ 전력손실이 적다.
    ⑤ 내습, 내진성이 양호하다.
    ⑥ 단시간 과부하 내량이 높다.
  (2) 몰드변압기 단점
    ① 충격파 내전압이 낮다.
    ② 가격이 비싸다.
    ③ 수지층에 차폐물이 없으므로 운전 중 코일 표면과 접촉하면 위험하다.

15 전기산업기사(2017년 3회)

전력용 몰드변압기의 이상 현상 중 절연파괴 원인 4가지만 적으시오.

정답

- 낙뢰의 침투
- 전원 재투입 및 순간정전에 의한 개폐서지
- 콘덴서의 개폐 또는 이상
- 지속적인 과부하 운전 및 외부 단락사고

16 전기산업기사(2015년 2회)

변압기의 고장 원인에 대하여 5가지를 쓰시오.

정답

(1) 권선의 상간 단락 (2) 층간 단락 (3) 고·저압 혼촉
(4) 과부하 및 과전류 (5) 절연물 및 절연유의 열화 (6) 기계적 충격

17
전기산업기사(2016년 1회)

변압기 2차 측 단락전류 억제 대책을 고압회로와 저압회로로 나누어서 간략하게 쓰시오.

(1) 고압회로의 억제 대책(2가지)

(2) 저압회로의 억제 대책(3가지)

정답

(1) ① 계통의 분리
    ② 변압기 임피던스 제어
(2) ① 한류리액터 사용
    ② 캐스케이딩 방식(후비보호) 채택
    ③ 계통연계기 사용

18
전기산업기사(2023년 2회)

100 [kVA]의 변압기가 운전 중일 때 하루 중 절반은 무부하로 운전하고, 나머지의 절반은 50 [%]의 부하로 운전하고 나머지 시간 동안은 전부하로 운전한다고 하면 전일효율은 몇 [%]인지 구하시오. (단, 철손은 400 [W], 동손은 1300 [W]이다)

정답

■ 계산과정

일 전력량 $P = \frac{1}{m}VI\cos\theta \times T = \left(\frac{1}{2} \times 100 \times 6\right) + (1 \times 100 \times 6) = 900\,[\text{kWh}]$

일 철손 $= P_i \times 24 = 0.4 \times 24 = 9.6\,[\text{kWh}]$

일 동손 $= \left(\frac{1}{m}\right)^2 P_c \times T = \left(\frac{1}{4} \times 1.3 \times 6\right) + (1 \times 1.3 \times 6) = 9.75\,[\text{kWh}]$

효율 $\eta = \dfrac{\frac{1}{m}VI\cos\theta}{\frac{1}{m}VI\cos\theta + P_i + \left(\frac{1}{m}\right)^2 P_c} \times 100 = \dfrac{900}{900 + 9.6 + 9.75} \times 100 = 97.90\,[\%]$

답 97.90 [%]

CHAPTER 02 송배전

01 이도(처짐정도)

1 이도(D)

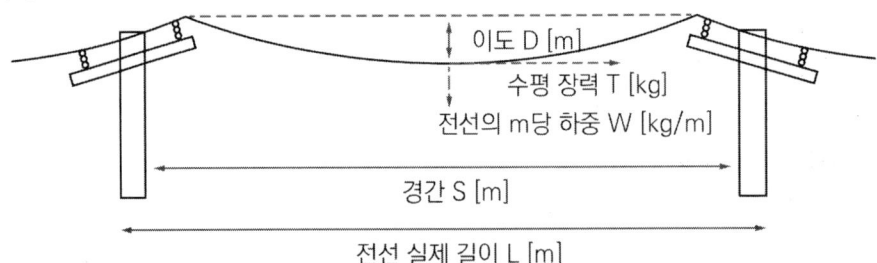

(1) 전선 자체 중량 때문에 전선이 밑으로 처진 정도를 나타내는 수직거리

(2) 이도 계산 $D = \dfrac{WS^2}{8T}$ [m]

① T : 수평장력($= \dfrac{인장하중}{안전율}$) [kg]

② W : 전선의 [m]당 하중[kg/m]

③ S : 경간[m]

(3) 전선 실제 길이 $L = S + \dfrac{8D^2}{3S}$ [m]

(4) 전선 평균 높이 $H_0 = H - \dfrac{2}{3}D$ [m]

(5) 가공전선로의 이도가 너무 크거나 너무 작을 시 전선로에 미치는 영향
   ① 이도의 대소는 지지물의 높이를 좌우한다.
   ② 이도가 너무 크면 전선은 그만큼 좌우로 크게 진동해서 다른 상의 전선에 접촉하거나 수목에 접촉해서 위험을 준다.
   ③ 이도가 너무 크면 도로, 철도, 통신선 등의 횡단 장소에서는 접촉될 위험이 있다.
   ④ 이도가 너무 작으면 전선의 장력이 증가하여 전선의 단선 우려가 있다.

02 케이블

1 케이블의 종류

약호	명칭
ACSR	강심 알루미늄 연선
ACSR - OC 전선	옥외용 강심 알루미늄도체 가교 폴리에틸렌 절연전선
ACSR - OE 전선	옥외용 강심 알루미늄도체 폴리에틸렌 절연전선
AL - OC 전선	옥외용 알루미늄도체 가교 폴리에틸렌 절연전선
AL - OE 전선	옥외용 알루미늄도체 폴리에틸렌 절연전선
AL - OW 전선	옥외용 알루미늄도체 비닐 절연전선
DV 전선	인입용 비닐 절연전선
OW 전선	옥외용 비닐 절연전선
FL 전선	형광 방전등용 비닐 전선
HR(0.75) 전선	750 [V] 내열성 고무 절연전선(110 [℃])
HR(0.5) 전선	500 [V] 내열성 고무 절연전선(110 [℃])
NR 전선	450/750 [V] 일반용 단심 비닐 절연전선
NRI(70) 전선	300/500 [V] 기기 배선용 단심 비닐 절연전선(70 [℃])
NRI(90) 전선	300/500 [V] 기기 배선용 단심 비닐 절연전선(90 [℃])
OC 전선	옥외용 가교 폴리에틸렌 절연전선
OE 전선	옥외용 폴리에틸렌 절연전선
PDC 전선	0.6/1 [kV] 고압 인하용 가교 폴리에틸렌 절연전선

2 케이블의 약호에 따른 명칭

약호	명칭
CV1 케이블	0.6/1 [kV] 가교 폴리에틸렌 절연 비닐 시스케이블
CV10 케이블	6/10 [kV] 가교 폴리에틸렌 절연 비닐 시스케이블
CVV 케이블	0.6/1 [kV] 비닐 절연 비닐 시스 제어케이블
CN - CV 케이블	동심중성선 차수형 전력케이블
CN - CV - W 케이블	동심중성선 수밀형 전력케이블
FR CNCO - W 케이블	동심중성선 수밀형 저독성 난연 전력케이블
CE1 케이블	0.6/1 [kV] 가교 폴리에틸렌 절연 폴리에틸렌 시스케이블

약호	명칭
CE10 케이블	6/10 [kV] 가교 폴리에틸렌 절연 폴리에틸렌 시스케이블
EE 케이블	폴리에틸렌 절연 폴리에틸렌 시스케이블
EV 케이블	폴리에틸렌 절연 비닐 시스케이블
MI 케이블	미네랄 인슈레이션케이블
PNCT 케이블	0.6/1 [kV] EP 고무 절연 클로로프렌 캡타이어케이블
PV 케이블	0.6/1 [kV] EP 고무 절연 비닐 시스케이블
VCT 케이블	0.6/1 [kV] 비닐 절연 비닐캡타이어케이블
VV 케이블	0.6/1 [kV] 비닐 절연 비닐 시스케이블
LPS 케이블	300/500 [V] 연질 비닐 시스케이블

03 송전전압, 수전전압

(1) 계통의 공칭전압에 따른 정격전압

공칭전압[kV]	6.6 [kV]	22.9 [kV]	154 [kV]	345 [kV]	765 [kV]
정격전압[kV]	7.2 [kV]	25.8 [kV]	170 [kV]	362 [kV]	800 [kV]

- 정격전압 = 공칭전압(수전전압) × $\dfrac{1.2}{1.1 \sim 1.15}$

(2) Still의 식(경제적인 송전전압)

$$V = 5.5 \sqrt{0.6\ell + \frac{P}{100}} \ [\text{kV}]$$

ℓ : 송전거리[km]   P : 1회선당 가능한 송전전력[kW]

(3) 배전선로의 전압조정기

① 자동전압 조정기(SVR, IVR)

② 고정 승압기

③ 병렬 콘덴서

04 전압강하 및 전력손실

1 전압강하

(1) 간선 등에서 전선의 길이가 길고 대전류의 경우의 전압강하 계산식

구분	계산식	측정 기준
단상 2선식	$2I(R\cos\theta + X\sin\theta)\,[\text{V}]$	선간
3상 3선식	$\sqrt{3}\,I(R\cos\theta + X\sin\theta)\,[\text{V}]$	선간
단상 3선식, 3상 4선식	$I(R\cos\theta + X\sin\theta)\,[\text{V}]$	대지간

(2) 옥내배선 등 비교적 전선의 길이가 짧고, 전선이 가는 경우에서 도체저항의 증가분이나 리액턴스분을 무시해도 지장이 없을 경우의 전압강하(온도 20 [℃] 기준)

$$e = IR = I\left(\rho\frac{L}{A}\right) = I\left(\frac{100}{97} \times \frac{1}{58} \times \frac{L}{A}\right) = \frac{17.8LI}{1000A}$$

> TIP 연동선의 도전율(%C)은 97 [%], 고유저항률은 1/58 [$\Omega \cdot \text{mm}^2/\text{m}$]이다.

배전 방식	전압강하	측정 기준
단상 2선식	$e = \dfrac{35.6LI}{1000A}$	선간
3상 3선식	$e = \dfrac{30.8LI}{1000A}$	선간
단상 3선식, 3상 4선식	$e = \dfrac{17.8LI}{1000A}$	대지간

e : 전압강하[V], I : 부하전류[A]
L : 전선의 길이[m], A : 사용전선의 단면적[mm^2]

(3) 저압배선 중의 전압강하는 간선 및 분기회로에서 각각 표준전압의 2 [%] 이하로 하는 것을 원칙으로 한다. 다만 전기 사용 장소 안에 시설한 변압기에 의하여 공급되는 경우에 간선의 전압강하는 3 [%] 이하로 할 수 있다.

① 공급변압기 2차 측 단자에서 최원단에 이르는 전선의 길이가 60 [m]를 초과하는 경우의 전압강하는 다음 표에 따른다.

공급변압기의 2차 측 단자 또는 인입선 접속점에서 최원단의 부하에 이르는 사이의 전선의 길이[m]	전압강하[%]	
	사용장소 안에 시설한 전용 변압기에서 공급하는 경우	전기사업자로부터 저압으로 전기를 공급받는 경우
120 이하	5 이하	4 이하
200 이하	6 이하	5 이하
200 초과	7 이하	6 이하

2 전압 강하율 (ε)

(1) 수전단 전압에 대한 전압강하의 백분율 비

(2) 3상 시 전압강하율

$$\varepsilon = \frac{전압강하}{수전단\ 전압} \times 100\ [\%] = \frac{송전단\ 전압 - 수전단\ 전압}{수전단\ 전압} \times 100\ [\%]$$

$$= \frac{e}{V_r} \times 100 = \frac{V_s - V_r}{V_r} \times 100 = \frac{\sqrt{3}\,I(R\cos\theta + X\sin\theta)}{V_r} \times 100\ [\%]$$

$$= \frac{P}{V_r^2}(R + X\tan\theta) \times 100\ [\%]$$

(3) 단상 시 전압강하율

$$\varepsilon = \frac{전압강하}{수전단\ 전압} \times 100\ [\%] = \frac{송전단\ 전압 - 수전단\ 전압}{수전단\ 전압} \times 100\ [\%]$$

$$= \frac{e}{V_r} \times 100 = \frac{V_s - V_r}{V_r} \times 100\ [\%] = \frac{I(R\cos\theta + X\sin\theta)}{V_r} \times 100\ [\%]$$

$$= \frac{P}{V_r^2}(R + X\tan\theta) \times 100\ [\%]$$

3 전력 계산

(1) 전력손실(P_l)

$$P_l = I^2 R = \left(\frac{P}{V\cos\theta}\right)^2 \times R = \frac{P^2 R}{V^2 \cos^2\theta} \qquad \therefore P_l \propto \frac{1}{V^2},\ P_l \propto \frac{1}{\cos^2\theta}$$

(2) 전력손실률(K)

$$K = \frac{P_l}{P} = \frac{\frac{P^2 R}{V^2 \cos^2\theta}}{P} = \frac{PR}{V^2 \cos^2\theta} \qquad \therefore K \propto \frac{1}{V^2}$$

(3) 공급전력(P)

$$K = \frac{PR}{V^2\cos^2\theta}, \quad P = \frac{KV^2\cos^2\theta}{R} \qquad \therefore \ P \propto V^2$$

(4) 전선의 단면적(A)

$$K = \frac{P\rho\ell}{V^2\cos^2\theta A}, \quad A = \frac{P\rho\ell}{KV^2\cos^2\theta} \qquad \therefore \ A \propto \frac{1}{V^2}$$

4 전압과의 관계

전압에 비례($\propto V$)	공급능력
전압의 제곱에 비례($\propto V^2$)	공급전력, 공급 거리
전압에 반비례($\propto \frac{1}{V}$)	전압강하
전압의 제곱에 반비례($\propto \frac{1}{V^2}$)	전력손실, 전력손실률, 전압강하율, 전선 단면적

05 접지선의 온도상승

1 접지선에 단시간 전류가 흘렀을 경우의 온도상승

(1) 상승 온도 $\theta = 0.008\left(\dfrac{I}{A}\right)^2 t\ [°\mathrm{C}]$

I : 전류[A], A : 동선의 단면적[mm^2], t : 통전시간[s]

(2) 계산 조건

① 접지선에 흐르는 고장전류의 값은 전원측 과전류 차단기 정격전류의 20배로 한다.
② 과전류 차단기는 정격전류 20배의 전류에서는 0.1초 이하에서 끊어지는 것으로 한다.
③ 고장전류가 흐르기 전의 접지선의 온도는 30 [℃]로 한다.
④ 고장전류가 흘렀을 때의 접지선의 허용온도는 160 [℃]로 한다. 따라서 허용온도 상승은 130 [℃]가 된다.

(3) 조건을 대입하면 $130 = 0.008\left(\dfrac{20I_n}{A}\right)^2 \times 0.1$

즉, 접지선 단면적 $A = 0.0496 I_n$

I_n : 과전류 차단기의 정격전류

06 고장계산

1 %임피던스

(1) %Z (임피던스)

단상	$\%Z_{단상} = \dfrac{ZI_n}{E \times 10^3} \times 100 = \dfrac{ZI_n}{10E} \times \dfrac{E}{E} = \dfrac{ZP_n}{10E^2}\,[\%]$	P_n : 단상 용량[kVA] E : 상전압[kV]
3상	$\%Z_{3상} = \dfrac{ZP_n}{10E^2} = \dfrac{Z \times \frac{1}{3}P_n}{10 \times (\frac{V}{\sqrt{3}})^2}\,[\%] = \dfrac{ZP_n}{10V^2}\,[\%]$	P_n : 3상 용량[kVA] V : 선간전압[kV]

(2) $\%X\,(리액턴스) = \dfrac{XP_n}{10V^2}$

(3) $\%R\,(저항) = \dfrac{RP_n}{10V^2}$

2 단락전류 계산

(1) 단락전류

① $I_s = \dfrac{E}{Z} = \dfrac{E}{\dfrac{\%Z \times E}{100 \times I_n}} = \dfrac{100}{\%Z} \times I_n\,[A]$

② 3상일 때 정격전류 $I_n = \dfrac{P_n}{\sqrt{3}\,V}$

(2) 단락 용량(P_s)

① $P_s = VI_s = V \times \dfrac{100}{\%Z}I_n = \dfrac{100}{\%Z}P_n\,[kVA]$ 　　　　　V : 공칭전압

② 3상일 때 $P_s = \sqrt{3}\,V \times I_s$

(3) 차단 용량(P)

① $P = \sqrt{3}\,V_n I_s$ 　　　　　V_n : 정격전압

• 기준 용량 $P_n = \sqrt{3} \times 공칭전압 \times 정격전류$

• 단락 용량 $P_n = \sqrt{3} \times 공칭전압 \times 단락전류$

• 차단 용량 $P_n = \sqrt{3} \times 정격전압 \times 단락전류$

(4) 단락전류 계산 순서

① 기준 용량 P_n 선정 : 각 %Z의 용량값의 공통적인 값 선정

② 환산된 P_n값 기준으로 %Z값 환산 후 합산

③ $I_s = \dfrac{100}{\%Z} I_n$ 에 대입하여 단락전류 계산

(5) PU법

① 임피던스로 표시하는 방법으로서 [%]를 없애고 100을 나누어줌

② $Z[p \cdot u] = \dfrac{ZI}{E}$

07 축전지의 종류

전기에너지를 화학에너지로 축적시켜놓고 필요시 전기를 만들어내는 장치

1 구성 요소

축전지, 보안장치, 제어장치

2 전지

(1) 1차 전지 : 한 번 방전하면 다시 사용할 수 없는 전지

(2) 2차 전지 : 방전방향과 반대방향으로 충전하여 재사용할 수 있는 전지
(연축전지, 알칼리축전지)

(3) 전지의 형태

2차 전지의 종류			방전형태
연축전지	CS형		완방전형
	HS형		급방전형
알칼리축전지	포켓식	AL형	완방전형
		AM형	표준형
		AMH형	급방전형
		AH - P형	초급방전형
	소결식	AH - S형	초급방전형
		AHH형	초초급방전형

(4) 전지의 특징

구분	납축전지	알칼리축전지
공칭전압 V[V/cell]	2	1.2
공칭 용량 Q[Ah]	10	5
충전시간	길다	짧다
수명	짧다	길다
종류	클래드식(CS형), 페이스트식(HS형)	소결식, 포켓식

(5) 축전지의 2차 전류

$$I_2 = \frac{축전지의\,정격\,용량[Ah]}{축전지\,방전율[h]} + \frac{상시부하용량[VA]}{표준전압[V]}$$

연축전지의 방전율은 10 [h], 알칼리축전지의 방전율은 5 [h]

3 축전지의 충전 방식

(1) 초기 충전 : 전해액을 넣지 않은 미충전 상태의 축전지에 전해액을 주입하여 처음으로 행하는 충전으로, 비교적 소전류로 장시간 통전하여 축전지를 활성화함

(2) 보통 충전 : 필요할 때마다 표준 시간율로 소정의 충전을 하는 방식

(3) 급속 충전 : 비교적 단시간에 보통 전류의 2 ~ 3배의 전류로 충전하는 방식

(4) 부동 충전 : 축전지의 자기 방전을 보충함과 동시에 상용 부하에 대한 전력 공급은 충전기가 부담하도록 하되 충전기가 부담하기 어려운 일시적인 대전류 부하는 축전지로 하여금 부담하게 하는 방식

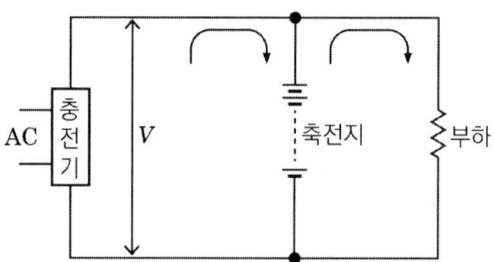

① 부동 충전 시 공칭전압
  • CS형 : 2.15 [V]   • HS형 : 2.18 [V]

(5) 세류 충전 : 자기가 방전한 만큼의 양만 다시 충전하는 방식

(6) 회복 충전 : 방전된 축전지를 용량이 충분히 회복될 때까지 충전하는 방식

(7) 균등 충전 : 부동 충전 방식을 사용하여 다수의 전지를 충전하면 전압이 서로 불균일하게 충전되어 서로 전위가 다를 수 있는데 이를 보정해주는 방식(약 1 ~ 3개월에 한 번씩 실시)

4 셀페이션 현상

(1) 연축전지를 방전 상태로 오래 방치했을 때, 극판의 표면에 유백색의 부도체 성질을 갖는 현상

(2) 셀페이션 현상의 원인
   ① 방전전류가 큰 경우
   ② 축전지를 장시간 동안 방전상태로 둔 경우
   ③ 전해액의 비중이 낮은 경우
   ④ 전해액이 부족하여 극판이 노출된 경우

08 축전지 용량식

1 정전류 부하

축전지 용량은 부하의 면적을 이용하여 구한다.

(1) $C = \dfrac{1}{L} KI$ [Ah]

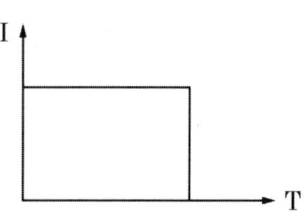

C : 축전지 용량[Ah], L : 보수율(일반적으로 0.8),
K : 용량환산시간[h], I : 부하특성별 방전전류[A]

2 축전지 용량 계산 예

(1) 용량환산시간이 다른 경우

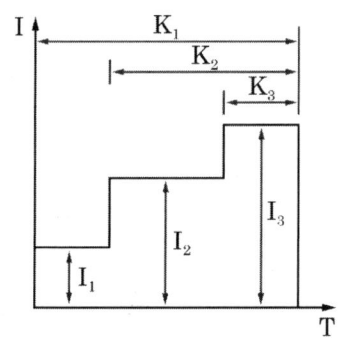

$C = \dfrac{1}{L}[K_1 I_1 + K_2(I_2 - I_1) + K_3(I_3 - I_2)]$

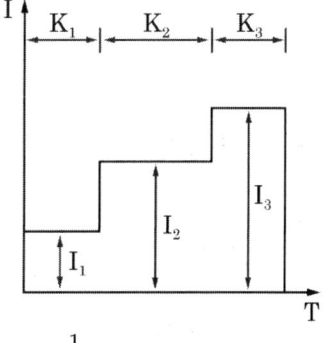

$C = \dfrac{1}{L}[K_1 I_1 + K_2 I_2 + K_3 I_3]$

(2) 전류의 변화가 다른 경우

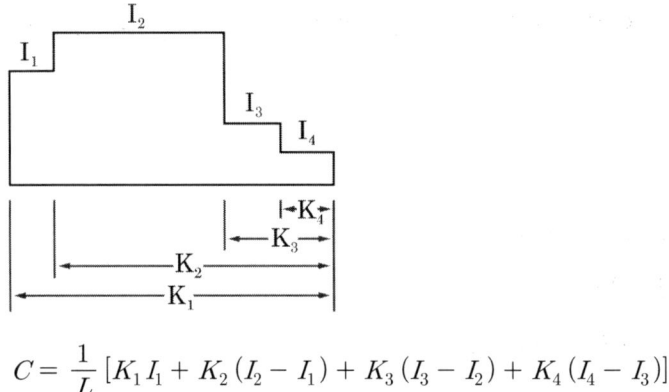

$$C = \frac{1}{L}[K_1 I_1 + K_2(I_2 - I_1) + K_3(I_3 - I_2) + K_4(I_4 - I_3)]$$

09 직, 병렬콘덴서

1 병렬 콘덴서

(1) 병렬콘덴서의 회로도

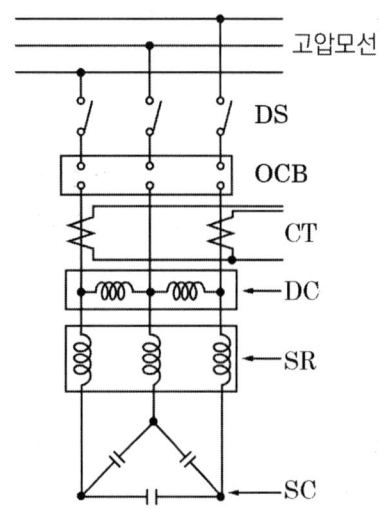

(2) 역률 개선 방법

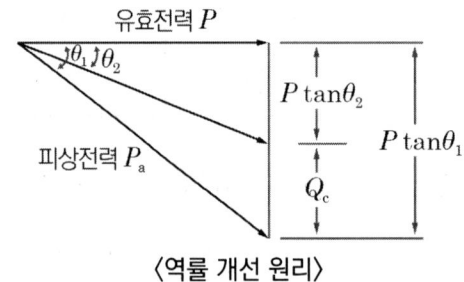

〈역률 개선 원리〉

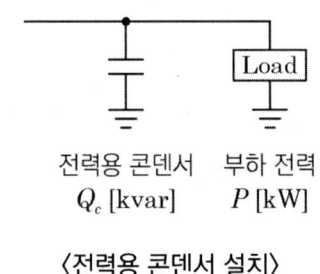

〈전력용 콘덴서 설치〉

① 송배전선로에 연결된 부하는 유효전류뿐만 아니라 상당한 무효전류를 필요로 하며, 합성된 전류가 선로에 흐르므로 선로의 전압강하를 증대시키고, 손실을 증가시키며 이에 따른 전력설비의 이용률도 저하된다. 이에 대하여 부하와 병렬로 콘덴서를 접속하면 진상 무효전류를 공급하므로 부하의 역률이 개선된다.

② 역률개선용 콘덴서 용량

$$Q_c = P(\tan\theta_1 - \tan\theta_2) = P\left(\frac{\sin\theta_1}{\cos\theta_1} - \frac{\sin\theta_2}{\cos\theta_2}\right) = P\left(\frac{\sqrt{1-\cos^2\theta_1}}{\cos\theta_1} - \frac{\sqrt{1-\cos^2\theta_2}}{\cos\theta_2}\right)$$

P : 부하 용량, $\cos\theta_1$: 개선 전 역률, $\cos\theta_2$: 개선 후 역률

(3) 역률개선의 효과
　① 전압강하개선　　　　② 설비 용량의 실질적 증가
　③ 변압기 및 선로의 손실 경감　④ 전력요금의 경감

(4) 콘덴서의 돌입전류 $I_{c.\max} = \left(1 + \sqrt{\dfrac{X_C}{X_L}}\right) \times I_c$

기기에 전원을 투입했을 때 순간적으로 정격전류보다 훨씬 큰 전류가 흐른다.

(5) 역률 개선용 진상콘덴서 충전 용량

$Q_c = 3\omega CE^2\ [\mu\mathrm{F}],\ \omega = 2\pi f$

E : 상전압[V], V : 선간전압[V]

(6) 과보상 시 역효과
　① 앞선 역률에 의한 전력손실이 생긴다.
　② 모선 전압의 과상승
　③ 과부하 운전이 될 수 있다.
　④ 고조파 왜곡 및 증대, 계전기 오동작

(7) 전력용 진상콘덴서의 정기점검(육안검사) 항목
　① 단자의 이완 및 과열유무 점검
　② 용기의 발청 유무점검
　③ 유(油) 누설유무 점검

2 직렬 콘덴서

(1) 직렬콘덴서는 장거리 송전선로에 설치하여 선로의 유도성 리액턴스를 보상하여 전압강하를 경감하기 위한 것으로 장거리 송전선로의 중간에 1개소 또는 몇 개소에 콘덴서를 직렬로 삽입한다.

(2) 직렬콘덴서 설치 시 특징

① 전압강하 보상

② 수전단의 전압변동 경감

③ 송전 용량 증대

④ 선로의 정태 안정도 증가

3 직렬 리액터

(1) 직렬 리액터의 용량

역할	리액터 용량	실제 용량
제3고조파 제거	$3\omega_0 L = \dfrac{1}{3\omega_0 C}$ ➡ $\omega_0 L = \dfrac{1}{9} \times \dfrac{1}{\omega_0 C}$ ➡ $0.11\dfrac{1}{\omega_0 C}$ (전력용 콘덴서의 11 [%] 용량의 직렬 리액터가 필요)	실제로는 13 [%] 여유 필요
제5고조파 제거	$5\omega_0 L = \dfrac{1}{5\omega_0 C}$ ➡ $\omega_0 L = \dfrac{1}{25} \times \dfrac{1}{\omega_0 C}$ ➡ $0.04\dfrac{1}{\omega_0 C}$ (전력용 콘덴서의 4 [%] 용량의 직렬 리액터가 필요)	실제로는 5 ~ 6 [%] 여유 필요

(2) 콘덴서 회로에 직렬 리액터를 넣어야 하는 이유

① 콘덴서 투입 시 돌입전류 억제

② 콘덴서 개방 시 이상 현상 억제

③ 파형의 개선(고조파를 줄이기 위함)

4 리액터의 분류에 따른 설치 목적

리액터 종류	역할
분로 리액터(병렬 리액터)	페란티 현상 방지
직렬 리액터	제5고조파 제거
한류 리액터	단락전류 제한
소호 리액터	지락 아크 소호

5 콘덴서 분류에 따른 설치 목적

콘덴서 종류	역할
직렬 콘덴서	전압강하 보상
전력용 콘덴서(병렬 콘덴서)	역률 개선

10 부하

1 설비불평형률

(1) 단상 3선식

　① 저압수전의 단상 3선식에서 중성선과 각 전압 측 전선 간의 부하는 평형이 되게 하는 것을 원칙으로 한다. 부득이한 경우 설비불평형률은 40 [%]까지 할 수 있다.

　② 설비불평형률 = $\dfrac{중성선과\ 각\ 전압\ 측\ 선간에\ 접속되는\ 부하설비\ 용량의\ 차}{총\ 부하설비\ 용량 \times \dfrac{1}{2}} \times 100\ [\%]$

　③ 단상 3선식 220/440 [V] 수전의 예

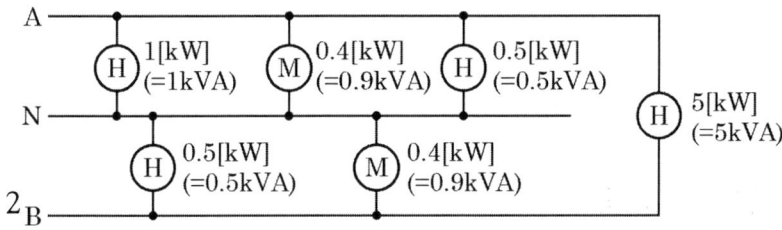

　　• 설비불평형률 = $\dfrac{2.4 - 1.4}{8.8 \times \dfrac{1}{2}} \times 100 = 23\ [\%]$

(2) 3상 3선식 또는 3상 4선식

　① 저압, 고압 및 특고압 수전의 3상 3선식 또는 3상 4선식에서 불평형 부하의 한도는 단상 접속 부하로 계산하며 설비불평형률을 30 [%] 이하로 하는 것을 원칙으로 한다.

　설비불평형률 = $\dfrac{각\ 선간에\ 접속되는\ 단상\ 부하\ 총설비\ 용량의\ 최대와\ 최소의\ 차}{총\ 부하설비\ 용량 \times \dfrac{1}{3}} \times 100\ [\%]$

　② 예외의 경우
　　• 저압수전에서 전용변압기 등으로 수전하는 경우
　　• 고압 및 특고압수전에서 100 [kVA] or 100 [kW] 이하의 단상 부하인 경우
　　• 고압 및 특고압수전에서 단상 부하 용량의 최대와 최소의 차가 100 [kVA] or 100 [kW] 이하인 경우
　　• 특고압수전에서 100 [kVA] or 100 [kW] 이하의 단상 변압기 2대로 역 V결선하는 경우

③ 3상 4선식 380 [V] 수전의 예

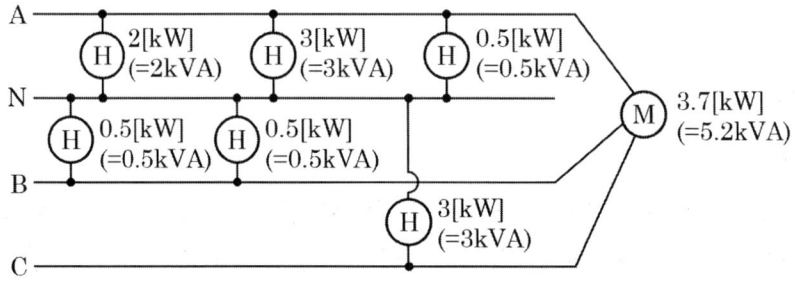

- 설비불평형률 $= \dfrac{5.5-1}{14.7 \times \dfrac{1}{3}} \times 100 = 92\,[\%]$

⑪ 유도장해

1 전자유도현상 (전자유도장해)

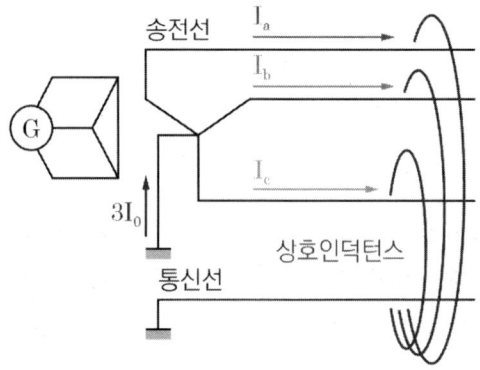

(1) 평상시 3상 선로가 평형되어 영상전류(I_0)가 매우 작고, 송전선 고장(지락, 단락) 시 큰 영상전류(I_0)가 대지로 흘러 통신장해를 일으키는 현상

(2) 전자유도장해 크기 계산

$E_m = -j\omega Ml(I_a + I_b + I_c) = -j\omega Ml(3I_0)$

　　　　　E_m : 전자유도전압, M : 상호 인덕턴스, I_0 : 영상전류(= 기유도 전류), l : 거리

(3) 전자유도장해 대책

① 전력선 측 대책
- 각 선간 거리를 멀리 한다.
- 중성점 접지저항값을 크게 한다.

- 고속도 지락보호 계전 방식을 채용한다.
- 차폐선을 설치한다.(차폐계수 $\lambda = 1 - \dfrac{Z_{31}Z_{23}}{Z_{33}Z_{12}}$).
- 지중전선로 방식을 채용한다.

② 통신선 측 대책
- 절연 변압기를 설치하여 구간을 분리한다.
- 연피케이블을 사용한다.
- 통신선에 우수한 피뢰기를 사용한다.
- 배류코일을 설치한다.
- 전력선과 교차 시 수직 교차한다.

2 정전유도현상(정전유도장해)

(1) 정전 용량(C) 불평형으로 통신선에 정전유도전압이 발생하여 충전전류가 흘러 통신에 영향을 주는 현상

(2) 정전유도전압 : 통신선 상호 커패시턴스와 선로 영상전압이 불평형되어 발생하는 전압

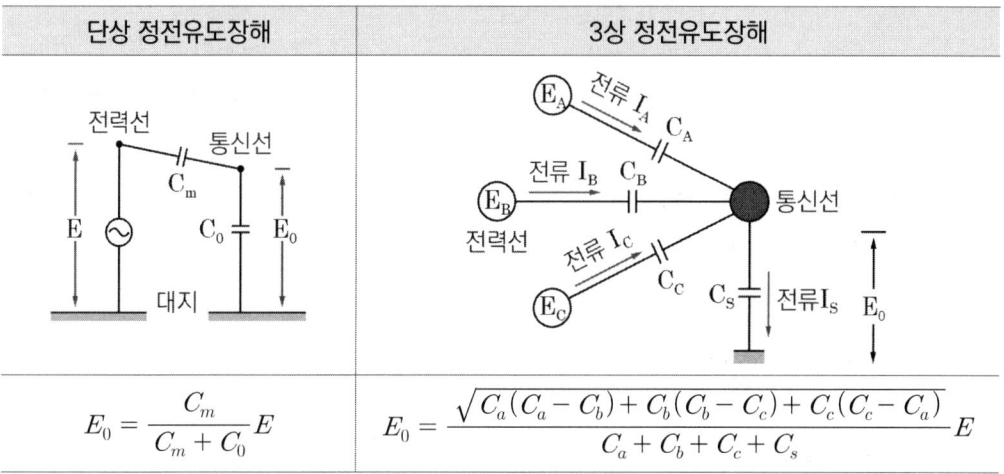

단상 정전유도장해	3상 정전유도장해
$E_0 = \dfrac{C_m}{C_m + C_0} E$	$E_0 = \dfrac{\sqrt{C_a(C_a - C_b) + C_b(C_b - C_c) + C_c(C_c - C_a)}}{C_a + C_b + C_c + C_s} E$

$E = \dfrac{V}{\sqrt{3}}$, E : 상전압, V : 선간전압

(3) 비접지 방식 중성점 잔류 전압(E_t)

$$E_t = \dfrac{\sqrt{C_a(C_a - C_b) + C_b(C_b - C_c) + C_c(C_c - C_a)}}{C_a + C_b + C_c} E$$

3 코로나 현상

절연이 부분적으로 파괴되는 현상(전선로 주변 등)

(1) 파열 극한 전위경도
   ① 직류 30 [kV/cm]
   ② 교류 21 [kV/cm]

(2) 코로나 손실 발생식(1선당)(Peek식)

$$P_c = \frac{241}{\delta}(f+25)\sqrt{\frac{d}{2D}}(E-E_0)^2 \times 10^{-5} \, [\text{kW/km/line}]$$

E : 대지전압[kV], E_0 : 코로나 임계전압[kV]

(3) 코로나 임계전압
   ① 코로나가 발생하기 시작하는 최저한도 전압
   ② 코로나 임계전압 $E_0 = 24.3 m_0 m_1 \delta d \log_{10}\frac{D}{r}$ [kV]

상대공기밀도 $\delta = \frac{0.386 b}{273 + t}$ (b : 기압, t : 온도)

m_0 : 전선의 표면계수, m_1 : 날씨계수

D : 선간 거리[cm], d : 전선의 직경[cm], r : 전선의 반지름[cm]

(4) 코로나 발생 시 현상
   ① 전선을 부식시킨다.
   ② 전력손실을 일으킨다.
   ③ 전파 장해가 일어난다.

(5) 코로나 방지 대책
   ① 굵은 전선을 사용한다.
   ② 복도체, 다도체를 사용한다.
   ③ 가선금구를 개량한다.
   ④ 전선의 표면을 매끄럽게 유지한다.

12 이상현상

1 고조파

(1) 정현파 교류 파형이 왜곡되어 왜형파가 되는 것

(2) 고조파 경감 대책
　① 전력변환장치의 펄스 수를 크게 한다.
　② 전력변환장치의 전원 측에 교류 리액터를 설치한다.
　③ 부하 측 부근에 고조파 필터를 설치한다.
　④ 기기의 접지를 고조파 발생기기의 접지와 분리한다.
　⑤ 고조파 발생기기와 충분한 이격거리 확보 및 차폐케이블을 사용한다.

2 플리커 현상

(1) 불규칙한 부하의 변동에 의해 조명이 깜빡이는 등의 현상

(2) 전력 공급 측 플리커 방지 대책
　① 전용 계통으로 공급
　② 단락 용량이 큰 계통에서 공급
　③ 전용 변압기로 공급
　④ 공급 전압을 승압

(3) 수용가 측 플리커 방지 대책
　① 전원계통에 리액턴스 보상하는 방법
　　• 직렬 콘덴서 방식
　　• 3권선 보상 변압기 방식 사용
　② 전압강하 보상하는 방법
　　• 부스터 방식
　　• 상호 보상 리액터 방식
　③ 부하의 무효전력 변동분을 흡수하는 방법
　　• 동기 조상기와 리액터 방식
　　• 사이리스터를 이용한 콘덴서 개폐 방식
　④ 플리커 부하전류 변동분 억제하는 방법
　　• 직렬 리액터 방식
　　• 직렬 리액터 가포화 방식

⑬ 모선 방식

변전소에는 송배전선이 접속되어 전력의 연계, 또는 배분을 한다. 이들 송배전선은 변압기, 조상설비와 함께 차단기, 단로기로 구성되는 모선이 접속되는데 이를 보호하는 방식을 모선보호방식이라고 한다.

1 단모선

모선이 하나만 있는 것으로 소규모의 발·변전소로서 중요도가 낮은 계통에 사용된다.

2 복모선

(1) 이중모선 방식
① 154 [kV] 변전소에서 사용하고 있다.
② 단모선 방식보다 차단기, 단로기, 모선 및 소요 면적이 증가한다.

(2) 이중모선 방식의 1.5차단 방식
① 765 [kV], 345 [kV] 변전소에 사용하고 있다.
② 회선 2개에 차단기가 3개가 있어서 1.5차단 방식이라고 한다.

⑭ 배전 방식

1 고압 방식

(1) 수지식 (방사상식)

발전소, 변전소로 인출된 배전선이 나뭇가지 모양으로 분기선을 이루는 방식
① 수요가 증가할 때마다 간선이나 분기선을 연장하여 부하에 쉽게 응할 수 있다.
② 전압변동, 전력손실이 크다.
③ 사고발생 시 정전범위가 크다.

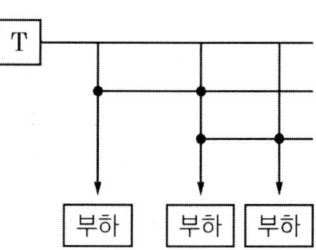

(2) 망상식

배전간선을 망상으로 접속하고 이 계통 내의 수개소의 접속점에 급전선을 연결하는 방식

① 공급신뢰도가 높다.
② 수지식보다 전력손실이 적다.
③ 보호 방식이 복잡하고 설치비가 비싸다.

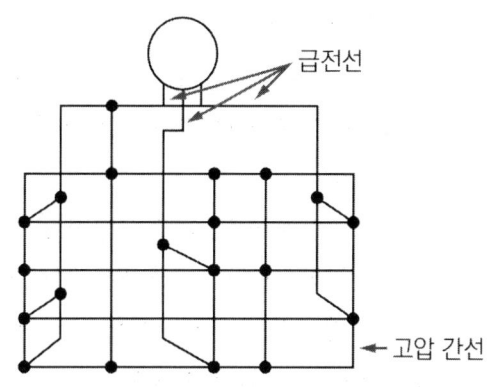

(3) 루프식(환상식)

배전간선이 하나의 루프(환상선)로 구성되고 수요에 따라 분기선을 내어 공급하는 방식

① 설비비가 비싸고 보호 방식이 복잡하다.
② 수지식보다 전력손실이 적다.
③ 선로의 도중에서 고장이 발생하더라도 고장개소를 분리할 수 있어서 고장 구간이 축소된다.

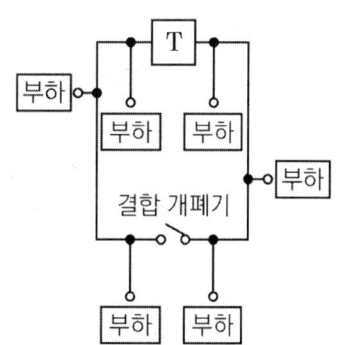

2 저압 방식

(1) 방사상 방식

나뭇가지 모양으로 분기선을 접속하는 방식

① 설비가 간단하다.
② 부하증설이 용이하다.
③ 경제적이다.
④ 전압변동 및 전력손실이 크다.
⑤ 사고에 의한 정전범위가 넓어 신뢰성이 낮다.

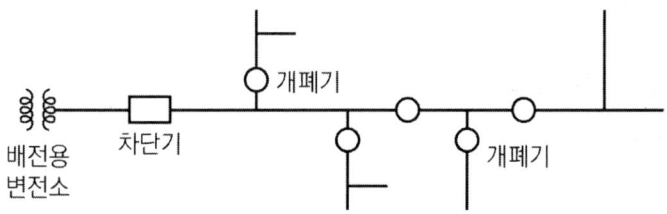

(2) 저압뱅킹 방식

고압 배전선로에 접속된 2대 이상의 배전용 변압기를 경유해서 저압 측 간선을 병렬접속하는 방식으로 주로 부하가 밀집된 시가지에 사용

① 장점
- 전압변동 및 전력손실이 경감된다.
- 부하 증가에 대한 공급 탄력성이 있다.
- 변압기의 공급전력을 서로 융통시킴으로써 변압기 용량을 저감할 수 있다.
- 플리커 현상이 적다.

② 단점
- 캐스케이딩(Cascading) 현상
  저압선(측) 고장으로 건전한 변압기 일부 또는 전부가 차단되는 현상으로 뱅킹퓨즈나 구분퓨즈를 사용하여 방지한다.

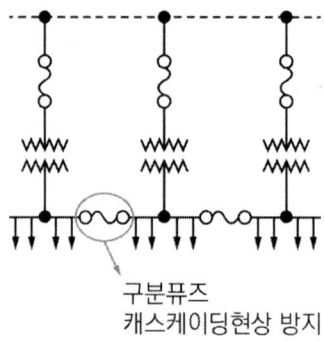
구분퓨즈
캐스케이딩현상 방지

(3) 저압 네트워크 방식

배전 변전소의 동일 모선으로부터 2회선 이상의 급전선으로 전력을 공급하는 방식

① 장점
- 무정전공급이 가능해서 공급신뢰도가 높다.
- 전압강하가 작다.
- 플리커, 전압변동률이 적다
- 부하 증가에 대한 적응성이 좋다.
- 변전소 수가 감소한다.

② 단점
- 인축의 접지 사고가 증가한다.
- 고장전류가 역류한다.
- 건설비가 비싸고, 특별한 보호장치를 필요로 한다.

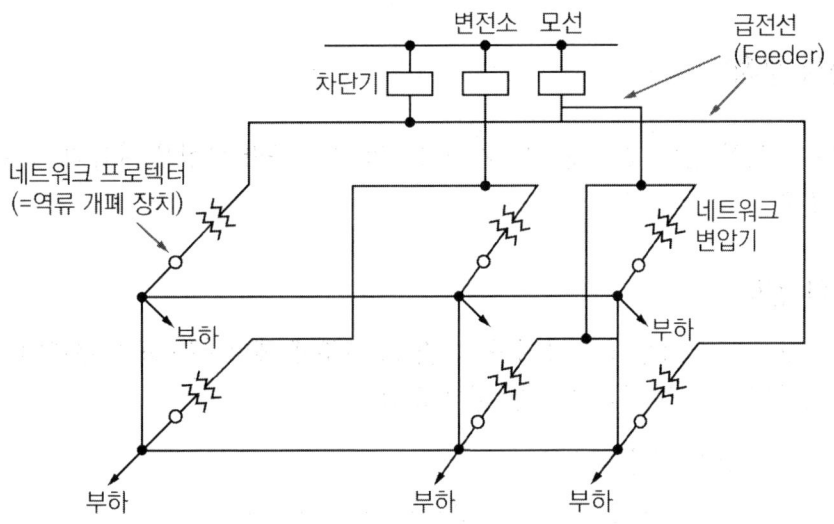

(4) 스포트 네트워크 방식

배선용 변전소로부터 2회선 이상으로 배전선으로 수전하는 방식으로 배전선 1회선에 사고가 발생한 경우라도 건전한 회선으로부터 자동적으로 수전할 수 있는 무정전공급 방식

① 무정전 전원공급이 가능하다.
② 기기 이용률이 좋아진다.
③ 전압변동률이 적다.
④ 전력손실이 감소한다.
⑤ 부하기기 증가에 따른 적응성이 우수하다.
⑥ 2차 변전소 수량을 줄일 수 있다.

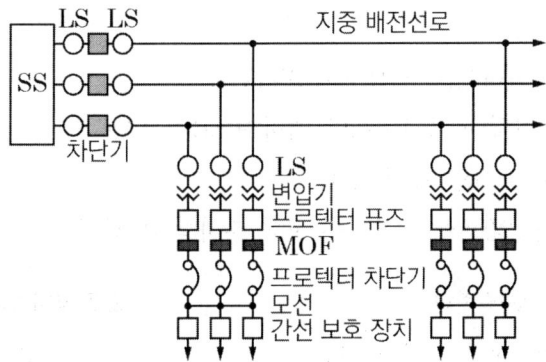

⑮ 부하의 상정

배선을 설계하기 위한 전등 및 소형 전기기계기구의 부하 용량 상정은 다음의 각 호에 의하는 것을 원칙으로 한다.

1 설비 부하 용량

(1) 아래의 표에 표시하는 건축물의 종류 및 그 부분에 해당하는 표준 부하에 바닥면적을 곱한 값에 ⑤의 표준 부하를 더한 값으로 할 것

(2) 분기회로 수 결정 계산 조건도

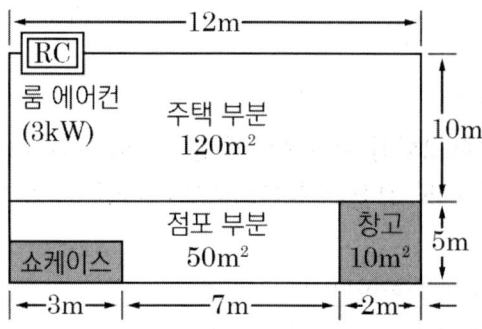

설비 부하 용량 = PA + QB + C

① P : 표1의 건축물 바닥면적[mm^2](Q제외)
② Q : 표2의 건축물의 바닥면적[mm^2]
③ A : 표1의 표준 부하[VA/m^2]
④ B : 표2의 표준 부하[VA/m^2]
⑤ C : 가산하여야 할 수
  • 주택, 아파트(1세대마다)에 대하여는 500 ~ 1000 [VA]
  • 상점의 진열장에 대하여는 진열장 폭 1 [m]에 대하여 300 [VA]
  • 옥외의 광고등, 전광사인, 네온사인 등의 [VA] 수
  • 극장, 댄스홀 등의 무대조명, 영화관 등의 특수전등 부하의 [VA] 수

(3) 〈표1〉

건축물의 종류	표준 부하[VA/m^2]
공장, 공회당, 사원, 교회, 극장, 영화관 등	10
기숙사, 여관, 호텔, 병원, 학교, 음식점, 다방, 대중목욕탕	20
사무실, 은행, 상점, 이발소, 미용원	30
주택, 아파트	40

〈표2〉

건축물의 부분	표준 부하[VA/m²]
복도, 계단, 세면장, 창고, 다락	5
강당, 관람석	10

〈표3〉

수구의 종류	예상 부하[VA/개]
소형 전등수구, 콘센트	150
대형 전등수구	300

① 표3에 표시한 값은 일반적으로 적용하는 값이므로 실제 설비되는 부하가 그 이상일 경우는 그 값에 의할 것

② 이때 예상이 곤란한 콘센트, 비틀어 끼우는 접속기, 소켓 등이 있을 경우는 아래의 예상 부하 값 이상으로 계산할 것

- P_1(주택 부분의 바닥면적) = 120 [m²]
- P_2(점포 부분의 바닥면적) = 50 [m²]
- Q (창고의 바닥면적) = 10 [m²]
- A_1(주택 부분의 표준 부하) = 40 [VA/m²]
- A_2(점포 부분의 표준 부하) = 30 [VA/m²]
- B (창고의 표준 부하) = 5 [VA/m²]
- C_1(주택에 대한 가산 VA 수) = 1000 [VA]
- C_2(쇼케이스 폭 3 [m]에 대한 가산 VA 수) = 900 [VA]

(4) 총설비 부하 용량 = $P_1A_1 + P_2A_2 + QB + C_1 + C_2$
 = 120×40+50×30+10×5+1000+900 = 8250 [VA]

(5) 사용전압이 220 [V]인 경우

$\frac{8250}{220 \times 16}$ = 2.34가 되어 단수를 절상하면 3회로가 된다. 또한 그 밖에 3 [kW]의 룸에어컨이 설치되어 있으므로 별도의 1회로를 추가하면 합계회로 수는 4회로가 된다.

(6) 사용전압이 110 [V]인 경우

$\frac{8250}{110 \times 16}$ = 4.69이 되어 단수를 절상하면 5회로가 된다. 또한 그밖에 3 [kW]의 룸에어컨이 설치되어 있으므로 별도의 1회로를 추가하면 합계회로 수는 6회로가 된다.

⑯ 배선 방법(내선규정 2210-1)

1 400 [V] 미만

배선 방법		옥내						옥측/옥외	
		노출장소		은폐된 장소					
				점검 가능		점검 불가능			
		건조한 장소	습기가 많은 장소 또는 수분이 있는 장소	건조한 장소	습기가 많은 장소 또는 수분이 있는 장소	건조한 장소	습기가 많은 장소 또는 수분이 있는 장소	우선 내	우선 외
애자사용공사		○	○	○	○	×	×	①	①
금속관 배선		○	○	○	○	○	○	○	○
합성수지관 공사	합성수지관 (CD관 제외)	○	○	○	○	○	○	○	○
	CD관	②	②	②	②	②	②	②	②
가요전선관 배선	1종 가요전선관	○	×	○	×	×	×	×	×
	비닐 피복 1종 가요전선관	○	○	○	○	×	×	×	×
	2종 가요전선관	○	×	○	×	○	×	○	×
	비닐 피복 2종 가요전선관	○	○	○	○	○	○	○	○
금속몰드 배선		○	×	○	×	×	×	×	×
합성수지몰드 배선		○	×	○	×	×	×	×	×
플로어덕트 배선		×	×	×	×	③	×	×	×
셀룰러덕트 배선		×	×	×	×	③	×	×	×
금속덕트 배선		○	×	○	×	×	×	×	×
라이팅덕트 배선		○	×	○	×	×	×	×	×
버스덕트 배선		○	×	○	×	×	×	④	④
케이블 배선		○	○	○	○	○	○	○	○
케이블트레이 배선		○	○	○	○	○	○	○	○

○ : 시설할 수 있다. × : 시설할 수 없다.
① : 노출 장소 및 점검할 수 있는 은폐장소에 한하여 시설할 수 있다.
② : 직접 콘크리트에 매설하는 경우를 제외하고 전용의 불연성 또는 자소성이 있는 난연성의 관 또는 덕트에 넣는 경우에 한하여 시설할 수 있다.

③ : 콘크리트 등의 바닥 내에 한한다.
④ : 옥외용 덕트를 사용하는 경우에 한하여(점검할 수 없는 장소는 제외한다) 시설할 수 있다.

2 400 [V] 이상

배선 방법		옥내						옥측/옥외	
		노출장소		은폐된 장소				우선 내	우선 외
				점검 가능		점검 불가능			
		건조한 장소	습기가 많은 장소 또는 수분이 있는 장소	건조한 장소	습기가 많은 장소 또는 수분이 있는 장소	건조한 장소	습기가 많은 장소 또는 수분이 있는 장소		
애자사용공사		○	○	○	○	×	×	①	①
금속관 배선		○	○	○	○	○	○	○	○
합성 수지관 공사	합성수지관 (CD관 제외)	○	○	○	○	○	○	○	○
	CD관	②	②	②	②	②	②	②	②
가요 전선관 배선	1종 가요전선관	③	×	③	×	×	×	×	×
	비닐 피복 1종 가요전선관	③	③	③	③	×	×	×	×
	2종 가요전선관	○	×	○	×	○	×	○	×
	비닐 피복 2종 가요전선관	○	○	○	○	○	○	○	○
금속덕트 배선		○	×	○	×	×	×	×	×
버스덕트 배선		○	×	○	×	×	×	④	④
케이블 배선		○	○	○	○	○	○	○	○
케이블트레이 배선		○	○	○	○	○	○	○	○

○ : 시설할 수 있다. × : 시설할 수 없다.
① : 노출 장소에 한하여 시설할 수 있다.
② : 직접 콘크리트에 매설하는 경우를 제외하고 전용의 불연성 또는 자소성이 있는 난연성의 관 또는 덕트에 넣는 경우에 한하여 시설할 수 있다.
③ : 전동기에 접속하는 짧은 부분으로 가요성을 필요로 하는 부분의 배선에 한하여 시설할 수 있다.

17 심야전력기기

1 허용전류

(1) 일반 부하와 심야전력 부하를 공용하는 부분의 전선은 다음 계산식에 의하여 산출한 값 이상의 허용전류를 가지는 것

(2) $I = I_1 + I_0 \times$ 중첩률
- I : 일반 부하와 심야전력 부하를 공용하는 부분의 부하전류
- I_1 : 심야전력 부하의 부하전류
- I_0 : 일반 부하의 부하전류

2 인입구장치 부근의 배선

(1) 정액제인 경우의 시설

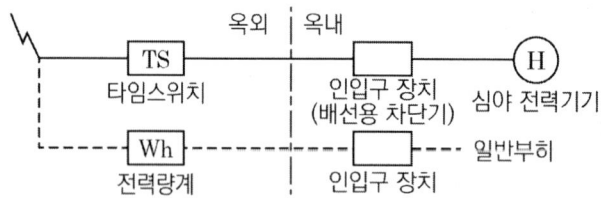

(2) 종량제의 경우의 시설

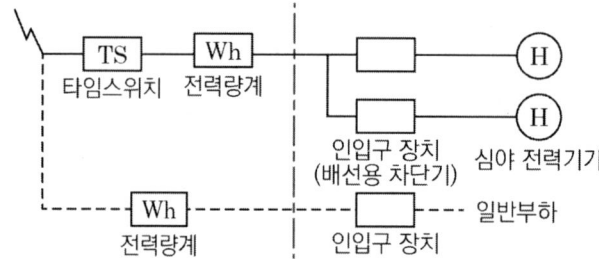

(3) 정액제·종량제 병용인 경우의 시설

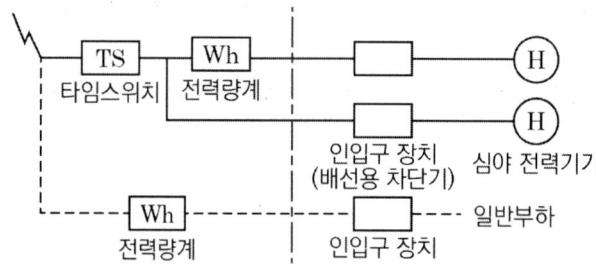

⑱ 부하중심점 거리

공급점에서 부하중심점까지의 거리

$$L = \frac{L_1 I_1 + L_2 I_2 + L_3 I_3}{I_1 + I_2 + I_3} \text{ [m]}$$

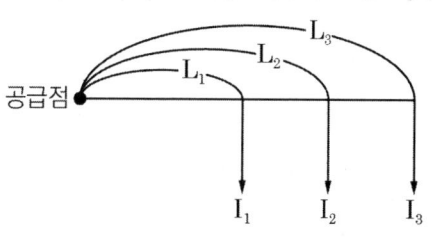

⑲ 분기회로 과전류 차단기

그림같이 분기회로(S_2)의 보호장치(P_2)는 (P_2)의 전원 측에서 분기점(O) 사이에 다른 분기회로 또는 콘센트의 접속이 없고 단락의 위험과 화재 및 인체에 대한 위험성이 최소화 되도록 시설된 경우, 분기회로의 보호장치(P_2)는 분기회로의 분기점(O)으로부터 3 [m]까지 이동하여 설치할 수 있다.

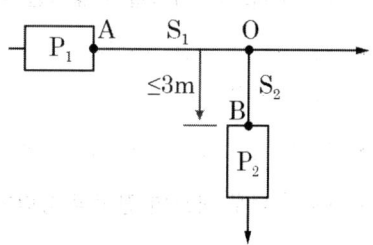

CHAPTER 02 연습문제

01   전기산업기사(2014년 3회)

가공전선로의 이도(처짐정도)가 너무 크거나 너무 작을 시 전선로에 미치는 영향 4가지를 적으시오.

정답

- 이도의 대소는 지지물의 높이를 좌우한다.
- 이도가 너무 크면 전선은 그만큼 좌우로 크게 진동해서 다른 상의 전선에 접촉하거나 수목에 접촉해서 위험을 준다.
- 이도가 너무 크면 도로, 철도, 통신선 등의 횡단 장소에서는 접촉될 위험이 있다.
- 이도가 너무 작으면 전선의 장력이 증가하여 전선의 단선 우려가 있다.

02   전기산업기사(2020년 1회)

경간 200 [m]인 가공 송전선로가 있다. 전선 1 [m]당 무게는 2.0 [kg]이고, 풍압하중은 없다고 한다. 인장강도 4000 [kg]의 전선을 사용할 때 이도(처짐정도)와 전선의 실제 길이를 구하시오. (단, 전선의 안전율은 2.2로 한다)

(1) 이도(Dip)

(2) 전선의 실제 길이

정답

■ 계산과정

(1) $D = \dfrac{WS^2}{8T} = \dfrac{2 \times (200)^2}{8 \times \dfrac{4000}{2.2}} = 5.5 \text{ [m]}$ 답 5.5 [m]

(2) $L = S + \dfrac{8D^2}{3S} = 200 + \dfrac{8 \times (5.5)^2}{3 \times 200} = 200.403 \text{ [m]}$ 답 200.4 [m]

> 핵심이론

□ 이도

- 이도 계산 $D = \dfrac{WS^2}{8T}[m]$

  T : 수평장력($= \dfrac{\text{인장하중}}{\text{안전율}}$)[kg], W : 전선 자체 중량[kg], S : 경간[m]

- 전선 실제 길이 $L = S + \dfrac{8D^2}{3S}[m]$

- 전선 평균 높이 $H_0 = H - \dfrac{2}{3}D[m]$

03

그림과 같이 고저차가 없고 같은 경간에 전선이 가설되어 있다. 지금 가운데 지지점 B에서 전선이 지지점으로부터 떨어졌다고 하면 전선의 딥(Dip)은 전선이 떨어지기 전의 몇 배로 되는지 구하시오.

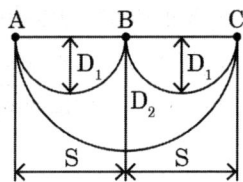

정답

■ 계산과정

전선이 떨어진 후에도 실제길이에는 변화가 없으므로

$$2\left(S + \dfrac{8D_1^2}{3S}\right) = 2S + \dfrac{8D_2^2}{3 \times 2S}$$

$$2S + 2 \times \dfrac{8D_1^2}{3S} = \left(2S + \dfrac{8D_2^2}{3 \times 2S}\right)$$

따라서 $D_2^2 = 4D_1^2$ 이므로 $D_2 = 2D_1$

답 2배

04 전기산업기사(2016년 3회)

다음 전선 약호의 품명을 쓰시오.

약호	품명
ASCR	
CN-CV-W	
FR CNCO-W	
LPS	
VCT	

정답

약호	품명
ASCR	강심 알루미늄 연선
CN-CV-W	동심 중성선 수밀형 전력케이블
FR CNCO-W	동심 중성선 수밀형 저독성 난연 전력케이블
LPS	300/500 [V] 연질 비닐 시스케이블
VCT	0.6/1 [kV] 비닐 절연 비닐 캡타이어케이블

05 전기산업기사(2020년 1회)

다음에서 계통의 공칭전압에 따른 정격전압을 각각 적으시오.

공칭전압[kV]	22.9 [kV]	154 [kV]	345 [kV]	765 [kV]
정격전압[kV]				

정답

공칭전압[kV]	22.9 [kV]	154 [kV]	345 [kV]	765 [kV]
정격전압[kV]	25.8 [kV]	170 [kV]	362 [kV]	800 [kV]

06 전기산업기사(2019년 3회)

그림과 같은 교류 3상 3선식에서 사용하는 3상 평형 저항 부하가 있다. 이때 C상 선로의 "×" 표시에서 단선될 경우 이 부하의 소비전력은 단선 전의 소비전력과 비교하면 어떻게 되는지 구하시오.

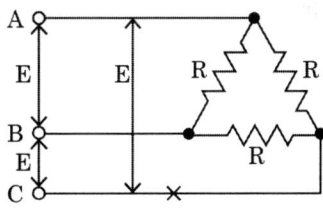

■ 계산과정

• 단선 전 소비전력

$$P = 3I_P^2 R$$

$$I_P = \frac{V_P}{R} = \frac{E}{R}$$

$$P = 3 \times \left(\frac{E}{R}\right)^2 \times R = \frac{3E^2}{R}$$

• 단선 후 소비전력

$$P' = \frac{E^2}{R} + \frac{E^2}{2R} = \frac{3E^2}{2R}$$

$$\therefore \frac{P'}{P} = \frac{\frac{3}{2}\frac{E^2}{R}}{3\frac{E^2}{R}} = \frac{1}{2}$$

답 $\frac{1}{2}$배로 감소

07 전기산업기사(2019년 2회)

3상 3선식 배전선로의 1선당 저항이 3 [Ω], 리액턴스가 2 [Ω]이고, 수전단 전압이 6000 [V], 수전단에 용량 480 [kW], 역률 0.8(지상)의 3상 평형 부하가 접속되어 있을 경우에 송전단 전압 V_s, 송전단 전력 P_s, 및 송전단 역률 $\cos\theta_s$ 를 구하시오.

(1) 송전단 전압[V]
(2) 송전단 전력[kW]
(3) 송전단 역률[%]

정답

(1) $V_s = V_r + \sqrt{3}\,I(R\cos\theta + X\sin\theta) = V_r + \dfrac{P_r}{V_r}(R + X\tan\theta)$

$= 6000 + \dfrac{480 \times 10^3}{6000}\left(3 + 2 \times \dfrac{0.6}{0.8}\right) = 6360.03\,[V]$

답 6360 [V]

(2) $I = \dfrac{P_r}{\sqrt{3}\,V_r \cos\theta_r} = \dfrac{480 \times 10^3}{\sqrt{3} \times 6000 \times 0.8} = 57.74\,[A]$

$P_s = P_r + 3I^2 R = 480 + 3 \times 57.74^2 \times 3 \times 10^{-3} = 510.01\,[kW]$

답 510 [kW]

(3) $P_s = \sqrt{3}\,V_s I \cos\theta_s$ 에서

$\cos\theta_s = \dfrac{P_s}{\sqrt{3}\,V_s I} = \dfrac{510 \times 10^3}{\sqrt{3} \times 6360 \times 57.74} = 0.8018$

답 80.18 [%]

08 전기산업기사(2019년 3회)

단상 2선식 회로에 3 [kW]의 부하가 연결되어 있다. 이 회로의 분기점에서 부하까지의 전선 1개의 저항이 0.03 [Ω]일 때 부하를 220 [V]로 사용하기 위한 분기점의 전압을 구하시오.

정답

■ 계산과정

분기점 전압 $V_s = V_r + e = V_r + 2IR$ 에서

$I = \dfrac{P}{V} = \dfrac{3000}{220} = 13.64\,[A]$ 이므로

$V_s = 220 + 2 \times 13.64 \times 0.03 = 220.82\,[V]$

답 220.82 [V]

09

가정용 110 [V] 전압을 220 [V]로 승압할 경우 저압 간선에 나타나는 효과에 대한 각 물음에 답하시오.

(1) 공급 능력 증대는 몇 배인지 구하시오. (단, 선로의 손실은 무시)

(2) 손실전력의 감소는 몇 [%]인지 구하시오.

(3) 전압강하율의 감소는 몇 [%]인지 구하시오.

정답

■ 계산과정

(1) 공급능력 $P \propto V = \dfrac{220}{110} = 2$ 답 2배

(2) 전력손실 $P_l \propto \dfrac{1}{V^2}$ $P_l' = \left(\dfrac{110}{220}\right)^2 P_l = 0.25 P_l$

따라서 전력손실 감소는 $1 - 0.25 = 0.75$ 답 75 [%]

(3) 전압강하율 $\delta \propto \dfrac{1}{V^2}$ $\delta' = \left(\dfrac{110}{220}\right)^2 \delta = 0.25 \delta$

따라서 전압강하율 감소는 $1 - 0.25 = 0.75$ 답 75 [%]

핵심이론

□ 전압과의 관계 요약

전압에 비례 ($\propto V$)	공급능력
전압의 제곱에 비례 ($\propto V^2$)	공급전력, 공급 거리
전압에 반비례 ($\propto \dfrac{1}{V}$)	전압강하
전압의 제곱에 반비례 ($\propto \dfrac{1}{V^2}$)	전력손실, 전력손실률, 전압강하율, 전선 단면적

10

분전반에서 25 [m]의 거리에 4 [kW]의 교류 단상 2선식 200 [V] 전열기를 설치하였다. 배선방법을 금속관공사로 하고 전압강하율 1 [%] 이하로 하기 위해서 전선의 공칭단면적[mm²]을 선정하시오. (단, 전선의 공칭단면적은 1.5, 2.5, 4.0, 6.0, 10, 16, 25 [mm²]이다)

정답

■ 계산과정

$$I = \frac{P}{V} = \frac{4 \times 10^3}{200} = 20 \text{ [A]}$$

전선의 굵기 $A = \frac{35.6 LI}{1000e} = \frac{35.6 \times 25 \times 20}{1000 \times (200 \times 0.01)} = 8.9 \text{ [mm}^2\text{]}$

답 10 [mm²]

11

그림과 같은 22 [kV], 3상 1회선 선로의 F점에서 3상 단락고장이 발생하였다면 고장전류[A]는 얼마인지 구하여라.

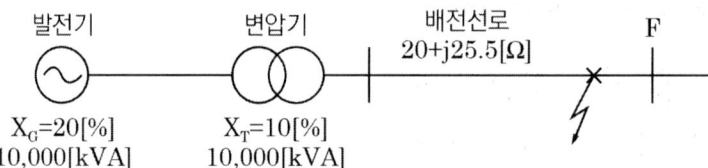

정답

- 배전선로 $\%Z = \frac{PZ}{10 V^2} = \frac{10000(20 + j25.5)}{10 \times (22)^2} = 41.32 + j52.69$

- 발전기 $X_G = 20 \text{ [%]}$

- 변압기 $X_T = 10 \text{ [%]}$

∴ $\%Z_T = 41.32 + j(52.69 + 20 + 10) = 41.32 + j82.69 = \sqrt{41.32^2 + 82.69^2} = 92.44$

단락전류 $I_s = \frac{100}{\%Z_T} I_n = \frac{100}{92.44} \times \frac{10000 \times 10^3}{\sqrt{3} \times 22 \times 10^3} = 283.89 \text{ [A]}$

답 283.89 [A]

12 전기산업기사(2014년 2회)

500 [kVA]의 변압기에 역률 60 [%]의 부하 500 [kVA]가 접속되어 있다. 이 부하와 병렬로 콘덴서를 접속해서 합성 역률을 90 [%]로 개선하면 부하는 몇 [kW] 증가시킬 수 있는지 구하시오.

정답

■ 계산과정

- 역률 개선 전 유효 전력 $P_1 = 500 \times 0.6 = 300$ [kW]
- 역률 개선 후 유효 전력 $P_2 = 500 \times 0.9 = 450$ [kW]

따라서 증가시킬 수 있는 유효 전력 $P = P_2 - P_1 = 450 - 300 = 150$ [kW] 답 150 [kW]

13 전기산업기사(2018년 1회)

수용가가 당초 역률(지상) 80 [%]로 100 [kW]의 부하를 사용하고 있었는데 새로 역률(지상) 60 [%], 70 [kW]의 부하를 추가하여 사용하게 되었다. 이때 콘덴서로 합성 역률을 90 [%]로 개선하는 데 필요한 용량은 몇 [kVA]인지 구하시오.

정답

■ 계산과정

- 유효전력 $P = P_1 + P_2 = 100 + 70 = 170$ [kW]
- 무효전력 $Q = Q_1 + Q_2 = P_1 \tan\theta + P_2 \tan\theta_2$

$$= 100 \times \frac{0.6}{0.8} + 70 \times \frac{0.8}{0.6} = 168.33 \text{ [kVar]}$$

- 합성 용량 $P_a = \sqrt{P^2 + Q^2} = \sqrt{170^2 + 168.33^2} = 239.24$ [kVA]
- 합성 역률 $\cos\theta = \frac{P}{P_a} \times 100 = \frac{170}{239.24} \times 100 = 71.06$ [%]
- 콘덴서 용량 $Q_c = P(\tan\theta_1 - \tan\theta_2) = P\left(\frac{\sqrt{1-\cos\theta_1^2}}{\cos\theta_1} - \frac{\sqrt{1-\cos\theta_2^2}}{\cos\theta_2}\right)$ [kVA]

$$= 170 \times \left(\frac{\sqrt{1-0.7106^2}}{0.7106} - \frac{\sqrt{1-0.9^2}}{0.9}\right) = 85.99 \text{ [kVA]}$$

답 85.99 [kVA]

14 전기산업기사(2019년 1회)

3상 4선식 380 [V], 60 [Hz]에 사용되는 역률 개선용 진상콘덴서 1 [kVA]에 적합한 표준규격[μF]의 3상 콘덴서를 선정하시오. (단, 3상 콘덴서 표준규격은 10, 15, 20, 30, 40, 50, 75이다)

정답

■ 계산과정

$$Q_c = 3\omega CE^2 = 3\omega C\left(\frac{V}{\sqrt{3}}\right)^2 = \omega CV^2$$

$$C = \frac{Q_c}{\omega V^2} = \frac{1 \times 10^3}{2\pi \times 60 \times 380^2} \times 10^6 = 18.37 \,[\mu F]$$

답 20 [μF]

핵심이론

□ 전력용 콘덴서의 용량

- Y결선 : $Q_Y = 3\omega CE^2 = 3\omega C\left(\dfrac{V}{\sqrt{3}}\right)^2 = \omega CV^2$
- Δ결선 : $Q_\Delta = 3\omega CE^2 = 3\omega CV^2$

E : 상전압, V : 선간전압

15 전기산업기사(2017년 2회)

비상용 조명 부하 110 [V]용 100 [W] 58등, 60 [W] 50등이 있다. 방전 시간 30분 축전지 HS형 54 [cell], 허용 최저 전압 100 [V], 최저 축전지 온도 5 [℃]일 때 축전지 용량은 몇 [Ah]인지 계산하시오. (단, 경년 용량 저하율 0.8, 용량환산시간 K = 1.2이다)

정답

■ 계산과정

- 부하전류 $I = \dfrac{P}{V} = \dfrac{100 \times 58 + 60 \times 50}{110} = 80 \,[A]$

- 축전지 용량 $C = \dfrac{1}{L}KI = \dfrac{1}{0.8} \times 1.2 \times 80 = 120 \,[Ah]$

답 120 [Ah]

16

전력계통에 이용되는 리액터의 분류에 따른 설치 목적을 적으시오.

구분	설치 목적
분로(병렬) 리액터	
직렬 리액터	
소호 리액터	
한류 리액터	

정답

구분	설치 목적
분로(병렬) 리액터	페란티 현상의 방지
직렬 리액터	제5고조파의 제거
소호 리액터	지락전류의 제한
한류 리액터	단락전류의 제한

17

다음 내용에서 ① ~ ③에 알맞은 내용을 답란에 적으시오.

"주로 변압기의 자기포화에 의하여 회로의 전압파형에 변형이 일어나는데 (①)을(를) 접속함으로써 이 변형이 확대되는 경우가 있다. 그로 인해 전동기, 변압기 등의 소음 증대, 계전기 오동작 또는 지시 기기의 오차 등의 장해를 일으키는 경우가 있는데, 이러한 장해의 발생 원인이 되는 전압파형의 찌그러짐을 개선할 목적으로 (①)와(과) (②)로(으로) (③)을(를) 설치한다."

정답

① 진상콘덴서 ② 직렬 ③ 리액터

18 전기산업기사(2020년 2회)

역률 개선용 커패시터와 직렬로 연결하여 사용하는 직렬 리액터의 사용 목적을 3가지만 적으시오.

정답

- 콘덴서 투입 시 돌입전류 억제
- 콘덴서 개방 시 이상 현상 억제
- 파형의 개선(고조파를 줄이기 위함)

19 전기산업기사(2018년 1회)

제5고조파 전류의 확대 방지 및 스위치 투입 시 돌입전류 억제를 목적으로 역률 개선용 콘덴서에 직렬 리액터를 설치하고자 한다. 콘덴서의 용량이 500 [kVA]라고 할 때 다음 각 물음에 답하시오.

(1) 이론상 필요한 직렬 리액터의 용량[kVA]을 구하시오.

(2) 실제적으로 설치하는 직렬 리액터의 용량[kVA]을 구하시오.
  - 리액터의 용량 :
  - 사유 :

정답

(1) $500 \times 0.04 = 20$ [kVA] 　　　답 20 [kVA]

(2) • 리액터의 용량 : $500 \times 0.06 = 30$ [kVA]
  • 사유 : 주파수 변동이나 경제성을 고려

핵심이론

▫ 직렬 리액터의 용량

역할	이론 용량	실제 용량
제3고조파 제거	실제로는 11 [%] 여유 필요	13 [%] 여유
제5고조파 제거	실제로는 4 [%] 여유 필요	5 ~ 6 [%] 여유

20

축전지를 충전하는 방식을 3가지만 적고 충전 방식에 대하여 설명하시오.

정답

- 보통 충전 : 필요할 때마다 표준 시간율로 소정의 충전을 하는 방식
- 급속 충전 : 비교적 단시간에 보통 전류의 2~3배의 전류로 충전하는 방식
- 부동 충전 : 축전지의 자기 방전을 보충함과 동시에 상용 부하에 대한 전력 공급은 충전기가 부담하도록 하되, 충전기가 부담하기 어려운 일시적인 대전류 부하는 축전지로 하여금 부담하게 하는 방식

핵심이론

□ 축전기의 충전 방식
(1) 초기 충전 : 전해액을 넣지 않은 미충전 상태의 축전지에 전해액을 주입하여 처음으로 행하는 충전, 비교적 소전류로 장시간 통전하여 축전지를 활성화함
(2) 보통 충전 : 필요할 때마다 표준 시간율로 소정의 충전을 하는 방식
(3) 급속 충전 : 비교적 단시간에 보통 전류의 2~3배의 전류로 충전하는 방식
(4) 부동 충전 : 축전지의 자기 방전을 보충함과 동시에 상용 부하에 대한 전력 공급은 충전기가 부담하도록 하되, 충전기가 부담하기 어려운 일시적인 대전류 부하는 축전지로 하여금 부담하게 하는 방식
(5) 세류 충전 : 자기가 방전한 만큼의 양만 다시 충전하는 방식
(6) 회복 충전 : 방전된 축전지를 용량이 충분히 회복될 때까지 충전하는 방식
(7) 균등 충전 : 부동 충전 방식을 사용하여 다수의 전지를 충전하면 전압이 서로 불균일하게 충전되어 서로 전위가 다를 수 있는데 이를 보정해주는 방식, 약 1~3개월에 한 번씩 실시

21

변전소에 200 [Ah]의 연축전지가 55개 설치되어 있다. 이때 다음 각 질문에 답하시오.

(1) 묽은 황산의 농도는 표준이고 액면이 저하하여 극판이 노출되어 있다면 어떤 조치를 하여야 하는지 쓰시오.

(2) 부동 충전 시 알맞은 전압은 몇 [V]인지 계산하시오.

(3) 충전 시 발생하는 가스의 종류는 무엇인지 쓰시오.

(4) 충전이 부족할 때 극판에 발생하는 현상을 무엇이라고 하는지 쓰시오.

정답

(1) 증류수를 보충한다.

(2) 부동 충전 전압은 2.15 [V/cell]
   ∴ $V = 2.15 \times 55 = 118.25$ [V]   답 118.25 [V]

(3) 수소가스

(4) 설페이션 현상

22 전기산업기사(2019년 1회)

비상용 조명으로 40 [W] 120등, 60 [W] 50등을 30분간 사용하려고 한다. HS형 납축전지 1.7 [V/cell]을 사용하여 허용 최저 전압을 90 [V], 최저 축전지 온도를 5 [℃]로 할 경우 주어진 참고자료를 이용하여 다음 각 물음에 답하시오. (단, 비상용 조명 부하의 전압은 100 [V]로 하고, 경년 용량 저하율은 0.8로 한다)

〈납축전지 용량환산시간[K]〉

형식	온도[℃]	10분			30분		
		1.6 [V]	1.7 [V]	1.8 [V]	1.6 [V]	1.7 [V]	1.8 [V]
CS	25	0.9	1.15	1.6	1.41	1.6	2.0
		0.8	1.06	1.42	1.34	1.55	1.88
	5	1.15	1.35	2.0	1.75	1.85	2.45
		1.1	1.25	1.8	1.75	1.8	2.35
	-5	1.35	1.6	2.65	2.05	2.2	3.1
		1.25	1.5	2.25	2.05	2.2	3.0
HS	25	0.58	0.7	0.93	1.03	1.14	1.38
	5	0.62	0.74	1.05	1.11	1.22	1.54
	-5	0.68	0.82	1.15	1.2	1.35	1.68

※ 상단은 900 [Ah]를 넘는 것(2000 [Ah]까지), 하단은 900 [Ah] 이하인 것

(1) 비상용 조명 부하의 전류는 몇 [A]인지 구하시오.

(2) HS형 납축전지는 몇 셀(cell)이 필요한지 구하시오. (단, 1셀의 여유를 더 주도록 한다)

(3) HS형 납축전지의 용량은 몇 [Ah]인지 구하시오.

> 정답

(1) $I = \dfrac{P}{V}$ 에서 $I = \dfrac{40 \times 120 + 60 \times 50}{100} = 78$ [A]   답 78 [A]

(2) $n = \dfrac{90}{1.7} = 52.94$ [cell]

따라서 1셀의 여유를 주어 54 [cell]로 정한다.   답 54 [cell]

(3) 표에서 용량환산시간 1.22 선정

축전지 용량 $C = \dfrac{1}{L}KI = \dfrac{1}{0.8} \times 1.22 \times 78 = 118.95$ [Ah]   답 118.95 [Ah]

23
전기산업기사(2020년 1회)

예비 전원으로 이용되는 축전지에 대한 다음 각 질문에 답하시오.

(1) 그림과 같은 부하특성을 갖는 축전지를 사용할 때 보수율이 0.8, 최저 축전지 온도 5 [℃], 허용 최저 전압 90 [V]일 때 몇 [Ah] 이상인 축전지를 선정하여야 하는가? (단, I_1 = 60 [A], I_2 = 50 [A], K_1 = 1.15, K_2 = 0.91, 셀(Cell)당 전압은 1.06 [V/cell]이다)

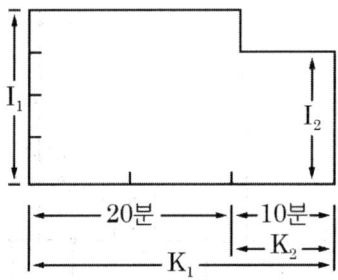

(2) 연축전지와 알칼리축전지의 공칭 전압은 각각 몇 [V/cell]인가?
 • 연축전지
 • 알칼리축전지

> 정답

(1) $C = \dfrac{1}{L}[K_1 I_1 + K_2(I_2 - I_1)] = \dfrac{1}{0.8}[1.15 \times 60 + 0.91(50 - 60)] = 74.88$ [Ah]

답 74.88 [Ah]

(2) • 연축전지 : 2 [V/cell]
 • 알칼리축전지 : 1.2 [V/cell]

24

3상 송전선의 각 선의 전류가 $I_a = 220 + j50$ [A], $I_b = -150 - j300$ [A], $I_c = -50 + j150$ [A]일 때 이것과 병행으로 가설된 통신선에 유기되는 전자유도전압의 크기는 약 몇 [V]인지 구하시오. (단, 송전선과 통신선 사이의 상호 임피던스는 15 [Ω]이다)

정답

■ 계산과정

$$E_m = -j\omega Ml(I_a + I_b + I_c) = j15 \times (220 + j50 - 150 - j300 - 50 + j150)$$
$$= j15 \times (20 - j100) = j15 \times \sqrt{20^2 + 100^2} = 1529.71 \text{ [V]}$$

답 1529.71 [V]

25

다음 그림과 같은 배전 방식의 명칭과 이 배전 방식의 특징을 4가지 적으시오. (단, 특징은 배전용 변압기 1대 단위로 저압 배전선로를 구성하는 방식과 비교한 경우이다)

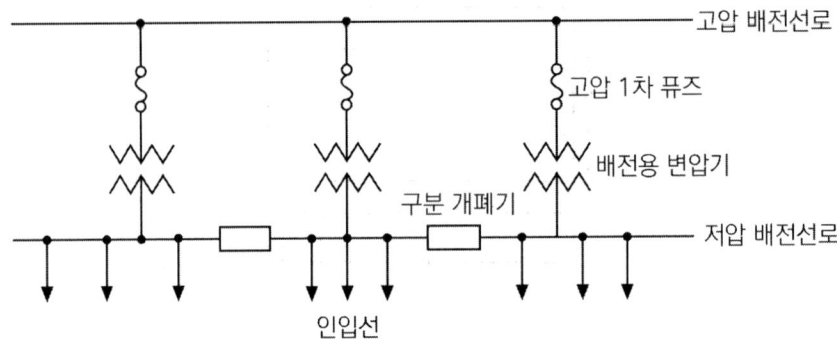

(1) 명칭 :
(2) 특징 :

정답

(1) 명칭 : 저압뱅킹 방식

(2) 특징
- 전압강하가 작다.
- 플리커 현상이 적다.
- 전력손실이 작다.
- 전압변동이 적다.
- 저압선의 동량이 절감되고, 변압기의 용량이 저감된다.
- 부하 증가에 대한 공급 탄력성이 있다.

26

수전 방식 중에서 1회선 수전 방식의 특징을 3가지만 쓰시오.

정답

- 설비가 간단하고 경제적이다.
- 소규모 용량에 사용한다.
- 선로 및 수전용 차단기 사고 시에는 고장파급이 크다.

27

그림과 같은 저압 배선 방식의 명칭과 특징을 4가지만 쓰시오.

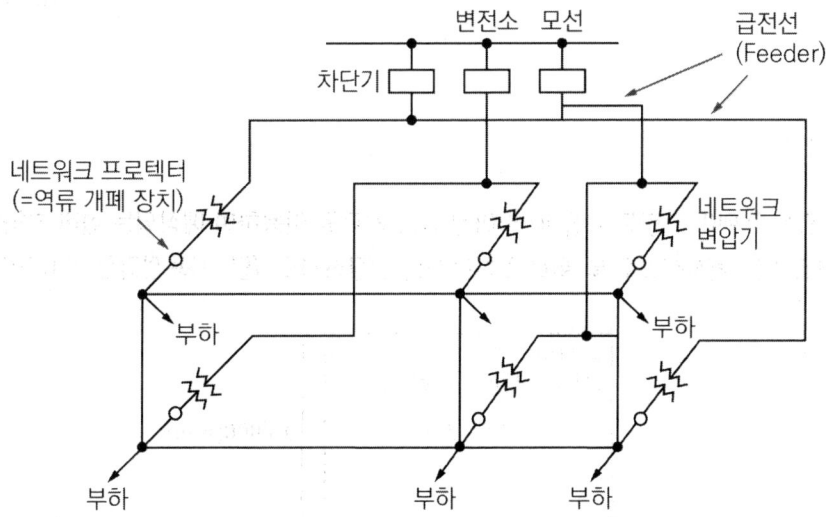

(1) 명칭 :

(2) 특징(4가지) :

정답

(1) 명칭 : 저압 네트워크 방식

(2) 특징(4가지) ① 무정전공급이 가능하다(공급신뢰성이 가장 우수).
② 전압강하가 작다.   ③ 플리커 현상이 적다.   ④ 전력손실이 작다.

28

단상 2선식 200 [V]의 옥내배선에서 소비전력이 60 [W], 역률 65 [%]인 형광등 100등을 설치하고자 한다. 분기회로를 16 [A] 분기회로 한다면 분기회로 수는 몇 회선이 필요한지 구하시오. (단, 1개 회로의 부하전류는 분기회로 용량의 80 [%]로 하고, 수용률은 100 [%]로 한다)

정답

■ 계산과정

- 부하전류 $I = \dfrac{P}{V\cos\theta} = \dfrac{60 \times 100}{200 \times 0.65} = 46.15$ [A]

- 분기회로 수 $= \dfrac{46.15}{16 \times 0.8} = 3.61$ 회로

답 16 [A] 분기 4회로

29

점포가 붙어 있는 주택이 그림과 같을 때 주어진 참고 자료를 이용하여 예상되는 설비 부하 용량을 상정하고, 분기회로 수는 원칙적으로 몇 회로로 하는지를 산정하시오. (단, 사용전압은 220 [V]라고 한다)

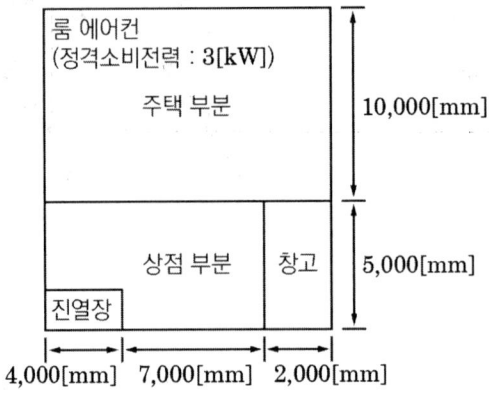

[조건]
1) 건축물의 종류에 따른 표준 부하

건축물의 종류	표준 부하[VA/m²]
공장, 공회당, 사원, 교회, 극장, 영화관, 연회장 등	10
기숙사, 여관, 호텔, 병원, 학교, 음식점, 다방, 대중목욕탕	20
사무실, 은행, 상점, 이발소, 미장원	30
주택, 아파트	40

2) 건축물 중 별도 계산할 부분의 표준 부하(주택, 아파트는 제외)

건축물의 부분	표준 부하[VA/m²]
복도, 계단, 세면장, 창고, 다락	5
강당, 관람석	10

3) 표준 부하에 따라 산출한 수치에 가산하여야 할 [VA] 수
   ① 주택, 아파트(1세대마다)에 대하여는 500 ~ 1000 [VA]
   ② 상점의 진열장에 대하여는 진열장 폭 1 [m]에 대하여 300 [VA]

(1) 배선을 설계하기 위한 전등 및 소형 전기기계기구의 설비 부하 용량[VA]을 상정하시오.

(2) 내선규정에 따라 다음 ( ) 안에 들어갈 내용을 적으시오.

> 사용전압 220 [V]의 16 [A] 분기회로 수는 부하의 상정에 따라 상정한 설비 부하 용량(전등 및 소형 전기기계기구에 한한다)을 (①) [VA]로 나눈 값(사용전압이 110 [V]인 경우에는 (②) [VA]로 나눈 값)을 원칙으로 한다.

(3) 16 [A] 기준, 사용전압이 220 [V]인 경우 분기회로 수를 구하시오.

(4) 사용전압이 110 [V]인 경우 분기회로 수를 구하시오.

(5) 연속 부하(상시 3시간 이상 연속사용)가 있는 분기회로의 부하 용량은 그 분기회로를 보호하는 과전류 차단기의 몇 [%]를 초과하지 않아야 하는지 적으시오.

정답

■ 계산과정

(1) $P = (10 \times 13 \times 40) + (11 \times 5 \times 30) + (2 \times 5 \times 5) + 1000 + (300 \times 4) = 9100$ [VA]

　　　　　　　　　　　　　　　　　　　　　　　　　　답 9100 [VA]

(2) ① 3520(220 × 16)
　　② 1760(110 × 16)

(3) $N = \dfrac{\text{전체설비용량}}{\text{분기회로용량}} = \dfrac{9100}{220 \times 16} = 2.59$

　　　　　　　　　　　　답 16 [A] 분기 3회로, 3 [kW] 에어컨 별도분기 1회로

(4) $N = \dfrac{\text{전체설비용량}}{\text{분기회로용량}} = \dfrac{9100}{110 \times 16} = 5.17$

　　　　　　　　　　　　답 16 [A] 분기 6회로, 3 [kW] 에어컨 별도분기 1회로

(5) 80 [%]

CHAPTER 03 | 보호설비

01 개폐기와 계전기

1 개폐기의 종류

(1) DS(단로기, Disconnecting Switch)

① 무부하 상태 선로의 개폐용
② 아크 소호장치가 없어 부하전류의 차단이 곤란
③ 선로 1차 측에 부착하여 기기의 점검 및 보수 시 회로를 분리
④ 조작 순서
 • 차단 시 : 차단기(CB) → 단로기(DS) → 선로개폐기(LS)
 • 투입 시 : 단로기(DS) → 선로개폐기(LS) → 차단기(CB)

(2) RC(리클로저, Recloser : 자동 재폐로 차단기)
 ① 고장전류 차단 능력이 있어 섹셔널라이져와 함께 사용
 ② 반드시 섹셔널라이저 뒤쪽에 설치되어야 한다.

(3) SE(섹셔널라이져, Sectionalizer : 자동 선로 구분 개폐기)
 ① 부하 측 사고 발생 시 사고 횟수를 감지해서 선로 개방 및 분리하는 자동 구간 개폐장치
 ② 고장전류 차단 능력이 없어 리클로저와 함께 사용

(4) ATS(자동 절체 스위치, Automatic Transfer Switch)
 상용전원과 비상전원 사이에 설치하여 평상시에는 상용전원을 부하 측과 연결하여 사용하다 상용전원의 이상이나 정전 시 비상전원 측으로 전환하여 연결해 주는 장치

(5) ALTS(자동 부하 전환 개폐기, Auto Load Transfer Switch)

22.9 [kV - Y] 배전선로에 사용되는 개폐기로 큰 피해를 입을 수 있는 수용가에 이중전원을 확보하여 주전원 정전 시 또는 주전원이 기준전압 이하로 떨어질 경우 예비전원으로 자동 전환되어 수용가에 높은 신뢰도로 전원을 공급하기 위한 기기

(6) LS(선로 개폐기, Line Switch)

보안상 책임 분계점에서 보수 점검 시 전로를 개폐하기 위하여 시설하는 것으로 반드시 무부하 상태에서 개방하여야 한다. 근래에는 ASS를 사용하며, 66 [kV] 이상의 경우에는 이를 사용한다.

(7) LBS(부하개폐기, Load Breaker Switch)의 기능

부하전류는 개폐할 수 있으나 고장전류는 차단할 수 없다.

(8) ASS(자동 고장 구간 개폐기, Automatic Section Switch)

무전압 시 개방이 가능하고, 과부하 시 자동으로 개폐할 수 있는 고장구분 개폐기로 돌입전류 억제기능을 갖고 있다.

(9) IS(기중 부하 개폐기, Interrupter Switch : 인터럽터 스위치)

수동 조작만 가능하고, 과부하 시 자동으로 개폐할 수 없고, 돌입전류 억제기능을 갖고 있지 않으며, 용량 300 [kVA] 이하에서 ASS 대신에 주로 사용하고 있다.

2 계전기의 종류

(1) OCR(과전류 계전기, Over Current Relay)
  ① 일정한 값 이상의 전류가 흐르면 부하를 차단
  ② 과전류의 크기가 클수록 동작시간이 빠른 반한시 특성을 가지고 있다.
  ③ 과부하 또는 단락, 지락 시 과전류를 검출하여 차단

(2) OVR(과전압 계전기, Over Voltage Relay)
  일정한 값 이상의 전압이 발생 시 부하를 차단

(3) UCR(부족전류 계전기, Under Current Relay)
  일정한 값 이하의 전류가 흐를 때 부하를 차단

(4) UVR(부족전압 계전기, Under Voltage Relay)
  ① 일정한 값 이하로 전압이 떨어질 때 부하를 차단
  ② 주로 정전 후 복귀 시 돌발 재투입을 방지하기 위해 설치

(5) GR(지락 계전기, Ground Relay)
   ① 지락 발생 시 영상전류를 검출하여 동작
   ② 영상변류기(ZCT)와 조합하여 사용

(6) SGR(선택지락 계전기, Selective Ground Relay)
   지락사고 시 계전기 설치점에 나타나는 영상전압과 영상지락 고장전류를 검출하여 차단

(7) DGR(방향지락 계전기, Directional Ground Relay)
   영상전압을 기준으로 지락 고장전류 크기 및 방향이 일정 범위 안에 있을 때 동작

(8) OVGR(과전압 지락 계전기, Over Voltage Ground Relay)
   접지형 계기용변압기에 연결하여 지락사고 시 발생되는 영상전압의 크기에 의해 동작

(9) OCGR(과전류 지락 계전기, Over Current Ground Relay)
   CT에 연결하여 지락사고 시 지락전류의 크기에 의해 동작

(10) 부흐홀츠 계전기(Buchholtzs Relay)
   변압기 탱크 내에 발생한 유증기에 의하여 동작하며 기계적 보호에 사용하는 계전기

(11) 차동 계전기(Differential Relay)
   변압기 내부고장 발생 시 전류의 차에 의하여 계전기를 동작시키는 방식

(12) 비율차동 계전기(Ratio Differential Relay)
   ① 변압기 내부 고장 발생 시 전류차가 일정 비율 이상이 되었을 때 동작
   ② 주로 변압기의 단락 보호용으로 사용

3 보호 계전기 동작시한에 의한 분류

계전기에 정해진 최소 동작전류 이상의 전류 또는 전압이 인가되었을 때부터 신호용 접점을 동작시킬 때까지의 시간을 한시(Time Limit)라 하며 다음과 같이 분류한다.

(1) 순한시 계전기
   고장이 생기면 즉시 동작하는 고속도 계전기로 0.3초 이내에 동작하는 계전기

(2) 정한시 계전기
   일정 전류 이상이 되면 크기에 관계없이 일정 시간 후 동작하는 계전기

(3) 반한시 계전기
   전류가 크면 동작시한이 짧고 전류가 작으면 동작시한이 길어지는 계전기

(4) 반한시성 정한시 계전기

동작전류가 적은 동안은 반한시 계전기이고 동작전류가 커지면 정한시 계전기

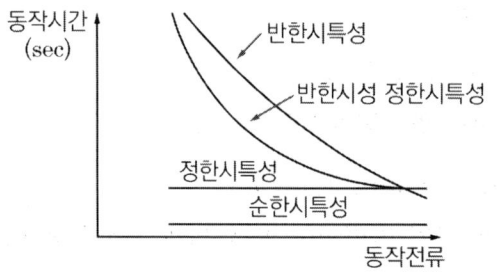

02 계기용 변성기

1 전력수급용 계기용 변성기(MOF, Metering Out Fit)

고전압, 대전류에서 전력을 측정하기 위한 장치로 PT와 CT를 한 탱크 안에 구성

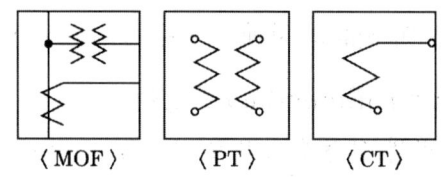

(1) 계기용 변압기(PT)

고전압을 저전압으로 변성하여 계전기나 측정계기에 공급하기 위한 변성기

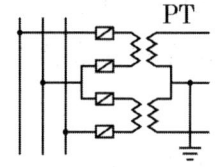

- 2차 측 정격전압 : 110 [V]
- 점검 시 2차 측을 개방해야 한다.

(2) 계기용 변류기(CT)

① 대전류를 소전류로 변성하여 계전기나 측정계기에 공급하기 위한 변성기

② 점검 시, CT 2차 측 개방하면 1차 측의 대전류가 전부 여자전류로 되어 2차 측에 고전압이 발생하여 CT가 소손되므로 단락해야 한다.

③ 변압기 회로는 1차 전류에 1.25 ~ 2의 여유를 주고, 전동기 회로는 1.5 ~ 2배의 여유를 준다. 하지만 계기용 변성기(MOF)는 여유를 두지 않는다.

- 가동접속(V결선)

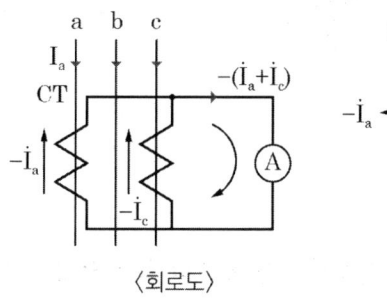
⟨회로도⟩

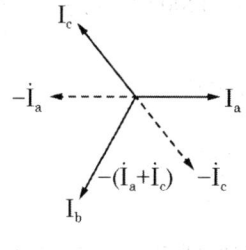
⟨벡터도⟩

- 2차 전류

$$I_2 = I_1 \times \frac{1}{CT비}$$

- Ⓐ에 흐르는 전류 : I_b

- 차동접속(교차접속)

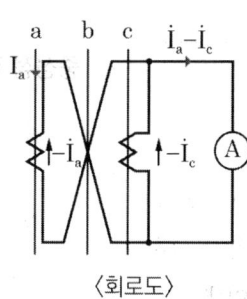
⟨회로도⟩

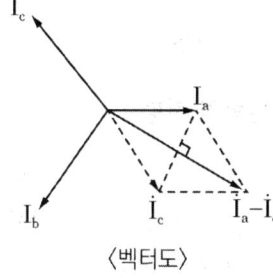
⟨벡터도⟩

- 2차 전류

$$I_2 = I_1 \times \frac{1}{CT비} \times \sqrt{3}$$

2 접지형 계기용 변압기(GPT : Ground Potential Transformer)

비접지계통에서 지락 사고 시의 영상전압을 검출하여 차단기 동작

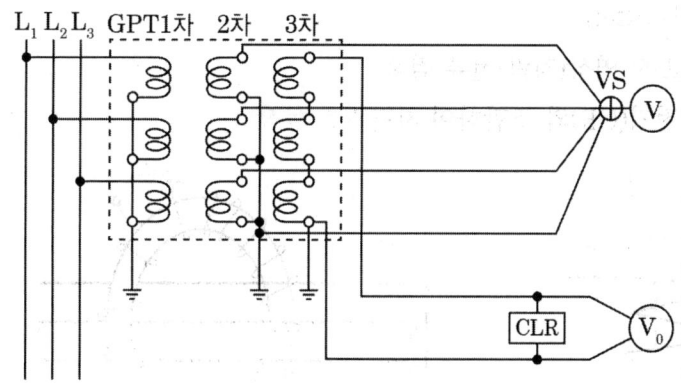

(1) 결선 조건

① 1, 2차 측 : Y결선하여 접지

② 3차 측 : 개방 △결선

(2) 정격전압

① 1차 정격전압 : $\dfrac{22900}{\sqrt{3}} = 13200\,[V]$ 혹은 $\dfrac{6600}{\sqrt{3}}\,[V]$

② 2차 정격전압 : $\dfrac{190}{\sqrt{3}} = 110\,[V]$

③ 3차 정격전압 : $\dfrac{190}{3} = \dfrac{110}{\sqrt{3}}\,[V]$

(3) 전류제한기(CLR) : 중성점과 대지 사이에 지락전류를 제한할 목적으로 저항을 삽입하여 지락전류를 제한

(4) 변압기 2차 측 중성점 접지 저항값 계산

구분		중성점 접지저항값
일반적 저항값		$R = \dfrac{150}{I_g}$
35 [kV] 이하 또는 고·특 전로가 저압 측 전로와 혼촉하고, 대지전압이 150 [V] 초과	1초 초과 2초 이내, 자동차단장치 설치	$R = \dfrac{300}{I_g}$
	1초 이내, 자동차단장치	$R = \dfrac{600}{I_g}$

TIP I_g : 1선 지락전류

3 영상변류기(ZCT : Zero Phase Current Transformer)

(1) 영상변류기의 특징
  ① 지락사고 시 영상(지락)전류 검출
  ② 지락 계전기(GR)와 조합하여 차단기를 동작

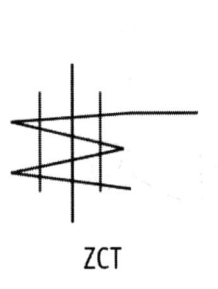

ZCT

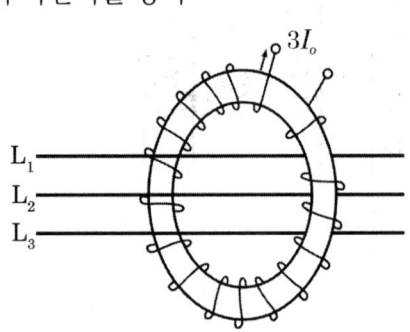

(2) 영상변류기의 설치

① 접지를 ZCT 전원 측에 하는 경우 : 케이블 차폐층의 접지선은 ZCT를 관통하여 접지

② 접지를 ZCT 부하 측에 하는 경우 : 케이블 차폐층의 접지선은 ZCT를 관통하지 않는다.

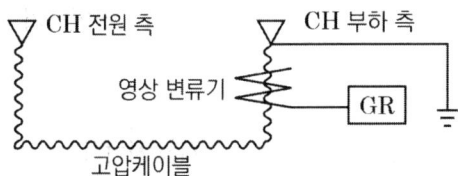

03 차단기

부하전류 및 단락전류 모두 개폐 가능

1 차단기의 정격

(1) 용량 선정 계산

$P = \sqrt{3} \times$ 정격전압 $\times$ 정격 차단전류

(2) 정격 차단 시간

트립코일 여자부터 아크 소호까지의 시간

공칭전압[kV]	22.9	154	345	765
정격전압[kV]	25.8	170	362	800
정격차단시간[c/s] (Cycle은 60 [Hz] 기준)	5	3	3	2

- 정격전압 = 공칭전압(수전전압) $\times \dfrac{1.2}{1.1 \sim 1.15}$

(3) 동작 책무

① 연속적으로 반복되는 동작을 일컫는다.

② OPEN - t_1 - CLOSE/OPEN - t_2 - CLOSE/OPEN

③ 대부분 고장은 일시적이기에 t초 후 CLOSE한다.

2 차단기의 분류

(1) 차단기 소호 매체에 따른 구분

명칭	약호	소호 매체
가스 차단기	GCB	SF_6
공기 차단기	ABB	압축공기
유입 차단기	OCB	절연유
진공 차단기	VCB	진공
자기 차단기	MBB	전자력
기중 차단기	ACB	천연공기

(2) 전압종류에 따른 차단기의 분류

고압, 특고압 차단기		저압 차단기	
VCB	진공 차단기	ACB	기중 차단기
OCB	유입 차단기	MCCB	배선용 차단기
GCB	가스 차단기	ELB	누전 차단기

3 차단기의 특징

(1) 유입 차단기(OCB)

   ① 소호 매질 : 절연유
   ② 화재 위험이 있다.

(2) 진공 차단기(VCB)

   ① 소호 매질 : 진공
   ② 개폐 이상전압 차단 시 개폐서지가 많이 발생(대책 : 서지흡수기 설치)
   ③ 3.3, 6.6, 22.9 [kV]에서 많이 사용
   ④ 소형, 경량이다.
   ⑤ 완전밀봉형으로 안전하며 소음도 적다.
   ⑥ 차단 성능이 우수하고, 차단 시간이 짧다.
   ⑦ 수명이 길다.
   ⑧ 기름이 사용되지 않아 화재에 대한 안전성이 우수하다.

(3) 공기 차단기(ABB)

   ① 소호 매질 : 압축 공기(임펄스 차단기) 15 ~ 30 [kg/cm^2]
   ② 소음이 크다.

(4) 가스 차단기(GCB)

① 소호 매질 : SF_6(육불화황) 가스

② SF_6 가스 : 무색, 무취, 무해 가스이며, 소호 능력이 공기의 100 ~ 200배

③ 소호 능력, 차단 능력 우수

④ 난연성(불활성) 가스

⑤ 154, 345 [kV] 선로 사용

(5) 가스 절연 개폐기(GIS)

① 충전부가 대기에 노출되지 않아 신뢰성, 안정성이 우수

② 감전사고 위험이 적음

③ 밀폐형으로 배기 소음이 없음

④ 소형화 가능(공기 대신 SF_6 가스 사용)

⑤ 보수 점검이 용이

4 누전 차단기의 시설

전로의 대지전압	기계기구 시설장소	옥내		옥외		옥외	물기가 있는 장소
		건조한 장소	습기가 많은 장소	우선 내	우선 외		
150 [V] 이하		-	-	-	□	□	○
150 [V] 초과 200 [V] 이하		△	○	-	○	○	○

• ○ : 누전 차단기를 시설할 것

• △ : 주택에 기계기구를 시설하는 경우는 누전 차단기를 시설할 것

• □ : 주택구 내 또는 도로에 접한 면에 룸에어컨, 아이스박스 쇼케이스, 자동판매기 등 전동기를 부품으로 한 기계기구를 시설하는 경우는 누전 차단기를 시설하는 것이 바람직함

5 고압 수용가의 큐비클식 수전설비의 주 차단장치의 종류

CB형	차단기형
PF - CB형	한류퓨즈 · 차단기형
PF - S형	한류퓨즈 · 교류 부하 개폐기형

6 퓨즈

(1) 퓨즈의 특성

① 용단 특성　　　② 단시간 허용 특성　　　③ 전차단 특성

(2) 퓨즈의 역할

① 부하전류를 안전하게 통전시킨다.

② 어떤 일정값 이상의 과전류는 차단하여 전로나 기기를 보호한다.

③ 단락전류 차단을 목적으로 한다.

(3) 퓨즈의 장점과 단점

장점	단점
• 한류 효과가 크다. • 고속도 차단할 수 있다. • 차단 용량이 크다. • 소형, 경량이다.	• 재투입이 불가능하다. • 차단 시 과전압을 발생한다. • 순간적인 과도전류에 용단되기 쉽다. • 동작 시간 - 전류특성을 계전기처럼 자유롭게 조정할 수 없다.

(4) 퓨즈의 정격

계통전압[kV]	퓨즈정격	
	퓨즈 정격전압[kV]	최대 설계전압[kV]
6.6	6.9 또는 7.5	8.25
13.2	15	15.5
22 또는 22.9	23	25.8
66	69	72.5
154	161	169

(5) 각종 개폐기와의 기능 비교표(○ : 분리 혹은 차단 가능)

기능＼능력	회로분리		사고차단	
	무부하	부하	과부하	단락
퓨즈	○			○
차단기	○	○	○	○
개폐기	○	○	○	
단로기	○			
전자접촉기	○	○	○	

04 피뢰기

1 피뢰기의 용어

(1) 제한전압
  ① 피뢰기 방전 시 단자전압(피뢰기가 처리하고 남은 전압)
  ② 충격파 전류가 흐르고 있을 때, 피뢰기 단자 전압의 파곳값

(2) 정격전압
  ① 피뢰기 양 단자 사이에 인가할 수 있는 상용 주파수의 최대 전압 실횻값
  ② 속류를 차단할 수 있는 교류의 최대전압

(3) 충격 방전 개시 전압
  ① 충격파 최대 전압 인가 시 피뢰기 단자가 방전을 개시하는 전압
  ② 피뢰기 단자전압의 최대전압

(4) 상용주파 방전 개시 전압
  상용 주파수에서 피뢰기가 방전 시, 상용주파 전압, 실횻값으로 표현

(5) 피뢰기 속류
  방전전류에 이어서 전원으로부터 공급되는 사용주파수의 전류가 직렬 갭을 통하여 대지로 흐르는 전류

2 피뢰기의 시설

(1) 직렬 갭
  ① 평상시(정상 상태) : 대지 간 절연 유지(누설전류 차단)
  ② 이상전압 침입 시 : 뇌전류 방전 및 전압의 상승 방지
  ③ 방전 종류 후 : 속류 차단

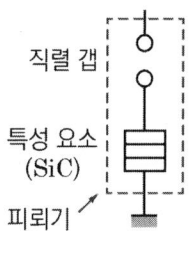

〈피뢰기 구성〉

(2) 특성 요소
  제한전압을 낮게 억제하고, 비교적 낮은 전압에서는 높은 저항값으로 속류 차단

(3) 고압 및 특고압의 전로 중 피뢰기의 시설장소
  ① 발전소·변전소 또는 이에 준하는 장소의 가공전선 인입구 및 인출구
  ② 특고압 가공전선로에 접속하는 배전용 변압기의 고압 측 및 특고압 측
  ③ 고압 및 특고압 가공전선로로부터 공급을 받는 수용장소의 인입구
  ④ 가공전선로와 지중전선로가 접속되는 곳

(4) 피뢰기의 구비조건

① 상용주파 방전 개시 전압이 높을 것

② 충격 방전 개시 전압이 낮을 것

③ 속류 차단 능력이 클 것

④ 제한전압이 낮을 것

⑤ 내구성 및 경제성이 있을 것

⑥ 방전 내량이 클 것

(5) 피뢰기의 정기점검 항목

① 피뢰기 애자 부분 손상여부 점검

② 피뢰기 1, 2차 측 단자 및 단자볼트 이상유무 점검

③ 피뢰기 절연저항 측정

④ 피뢰기 접지저항 측정

3 피뢰기의 정격전압 산출

(1) 피뢰기 정격전압 $E = \alpha\beta V_m$

- α(접지계수) : 0.75
- β(여유 계수) : 1.04 ~ 1.15
- V_m(공칭전압) : 154 [kV]의 경우 170 [kV], 345 [kV]의 경우 362 [kV]

(2) 피뢰기의 정격전압 계산표

전력 계통		피뢰기의 정격전압[kV]	
전압[kV]	중성점 접지 방식	변전소	배전 선로
345	유효접지	288	-
154		144	-
66	PC접지 또는 비접지	72	-
22		24	-
22.9	3상 4선 다중접지	21	18

- 전압 22.9 [kV - Y] 이하의 배전선로에서 수전하는 설비의 피뢰기 정격전압은 배전선로용을 적용한다.
- PC접지(Petersen Coil Grounding)는 발명자의 이름을 딴 접지로 소호 리액터 접지이다.

4 피뢰기의 공칭방전전류

공칭방전 전류[A]	설치장소	적용 조건
10000	변전소	• 154 [kV] 이상의 계통 • 66 [kV] 및 그 이하의 계통에서 뱅크 용량이 3000 [kVA]를 초과하거나 특히 중요한 곳 • 장거리 송전선케이블 • 배전선로 인출 측(배전간선 인출용 장거리케이블은 제외)
5000		• 66 [kV] 및 그 이하의 계통에서 뱅크 용량이 3000 [kVA] 이하인 곳
2500	선로	• 배전선로 • 전압 22.9 [kV] 이하(22 [kV] 비접지 제외)의 배전선로에서 수전하는 설비의 피뢰기 공칭방전전류는 일반적으로 2500 [A]의 것을 적용한다.

(1) 피뢰기에 흐르는 정격 방전전류는 변전소의 차폐유무와 그 지방의 연간 뇌우 발생
(2) 일수에 관계되나 모든 요소를 고려한 일반적인 시설장소별 피뢰기의 공칭방전전류

05 서지보호기

1 서지흡수기

(1) 사용 목적

구내선로에서 발생할 수 있는 개폐서지 순간과도전압 등으로 이상전압이 2차 기기에 악영향을 주는 것을 막기 위해 서지흡수기를 시설

(2) 설치 위치

서지흡수기는 보호하고자 하는 기기전단으로 개폐서지를 발생하는 차단기 후단과 부하 측 사이에 설치

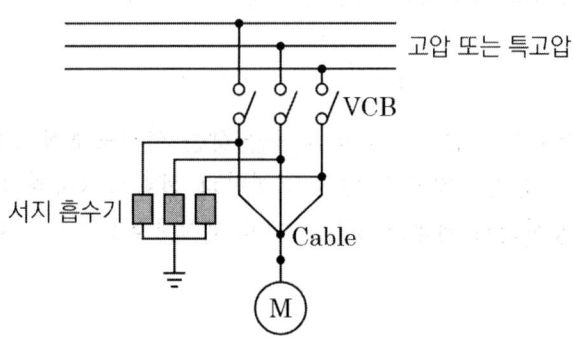

(3) 서지흡수기의 적용

VCB를 사용할 때는 반드시 서지흡수기를 설치하여야 하나 VCB와 유입변압기를 사용할 때는 설치하지 않아도 된다.

차단기 종류		VCB				
전압등급 2차 보호기기		3 [kV]	6 [kV]	10 [kV]	20 [kV]	30 [kV]
전동기		적용	적용	적용	-	-
변압기	유입식	불필요	불필요	불필요	불필요	불필요
	몰드식	적용	적용	적용	적용	적용
	건식	적용	적용	적용	적용	적용
콘덴서		불필요	불필요	불필요	불필요	불필요
변압기와 유도기기와의 혼용 시		적용	적용	-	-	-

(4) 서지흡수기의 정격전압

공칭전압[kV]	3.3	6.6	22.9
정격전압[kV]	4.5	7.5	18
공칭방전전류[kA]	5	5	5

2 서지보호장치(SPD : Surge Protective Device)

(1) SPD의 기능에 따른 분류

① 전압스위칭형 SPD

서지가 없을 때에는 임피던스가 높은 상태이고, 전압서지가 있을 때는 임피던스가 급격히 낮아지는 기능을 가진 서지보호장치로 에어캡, 가스방전관, 사이리스터, 트라이액 등이 있다.

② 전압제한형 SPD

서지가 없을 때에는 임피던스가 높은 상태이고, 서지전류와 전압이 상승하면 임피던스가 연속적으로 감소하는 기능을 가진 서지보호장치로 배리스터, 억제 다이오드 등이 있다.

③ 복합형 SPD

전압제한형 소자와 전압스위칭형 소자를 갖는 서지보호장치로 인가 전압의 특성에 따라 전압제한, 전압스위치 또는 전압제한과 전압스위치의 동작을 모두 하는 것이 있으며, 가스방전관과 베리스터를 조합한 서지보호장치가 있다.

(2) SPD의 구조에 따른 분류

SPD는 회로에 접속한 단자형태에 따라 1포트 SPD와 2포트 SPD가 있다.

구분	특징	표시(예)
1포트 SPD	1단자대(또는 2단자)를 갖는 SPD로 보호할 기기에 대해 서지를 분류하도록 접속하는 것이다.	SPD
2포트 SPD	2단자대(또는 4단자)를 갖는 SPD로 입력 단자대와 출력 단자대 간에 직렬 임피던스가 있다. 주로 통신·신호계통에 사용되며 전원회로에 사용되는 경우는 드물다.	SPD

06 접지와 보호도체

1 접지의 특징

(1) 접지 목적

① 인체감전 방지

② 이상전압이 발생하였을 경우 대지 전위상승을 억제하고 기기를 보호하기 위하여

③ 지락사고 시 보호 계전기의 동작을 신속, 확실하게 하기 위하여

(2) 접지개소

① 일반기기 및 제어반 외함 접지

② 피뢰기 접지

③ 피뢰침 접지

④ 옥외 철구 및 경계책 접지

(3) 접지저항을 저감시키는 방법

① 접지극의 길이를 길게 한다.

② 접지극을 병렬접속한다.

③ 접지봉의 매설깊이를 깊게 한다.

④ 접지저항 저감제를 사용한다.

⑤ 심타공법으로 시공한다.

2 보호도체

(1) 보호도체(PE)의 최소 단면적 산정 방법

선도체의 단면적 S	보호도체의 최소 단면적[(mm²), 구리]	
	선도체와 같은 경우	선도체와 다른 경우
$S \leq 16$	S	$(k_1/k_2) \times S$
$16 > S \leq 35$	$16\,(a)$	$(k_1/k_2) \times 16$
$S > 35$	$S(a)/2$	$(k_1/k_2) \times (S/2)$

k_1 : 도체 및 절연의 재질에 따라 선정된 선도체에 대한 계수

k_2 : 보호도체에 대한 계수

a : PEN 도체의 최소단면적은 중성선과 동일하게 적용한다.

(2) 보호도체의 단면적 계산(차단시간이 5초 이하)

$$S = \frac{\sqrt{I^2 t}}{k}$$

S : 단면적[mm²]

I : 보호장치를 통하는 예상 고장전류 실횻값[A]

t : 자동차단을 위한 보호장치의 동작시간[s]

k : 재질 및 초기온도와 최종온도 계수

(3) 보호도체의 종류

① 다심케이블의 도체

② 충전도체와 같은 트렁킹에 수납된 절연도체 또는 나도체

③ 고정된 절연도체 또는 나도체

07 계통접지

1 계통접지의 문자 정의

구분	구성	문자 정의
제 1문자	전원계통과 대지의 관계	T : 한 점을 대지에 직접 접속
		I : 모든 충전부 대지와 절연 또는 고 임피던스 접지
제 2문자	전기설비의 노출도전부와 대지의 관계	T : 노출도전부를 대지로 직접 접속
		N : 노출도전부를 전원계통의 접지점에 직접 접속 (접지점 : 교류계통에서는 통상적으로 중성점, 중성점 없을 시 선도체)
그 다음 문자 (문자 있는 경우)	중성선과 보호도체의 배치	S : 중성선 또는 접지된 선도체 외에 별도의 도체에 의해 제공되는 보호 기능
		C : 중선선과 보호기능을 겸용(PEN 도체)
기호설명	─/•─	중성선(N), 중간도체(M)
	─/─	보호도체(PE)
	─/•─	중성선과 보호도체겸용(PEN)
약어설명	T	Terra(접지)
	N	Neutral(중성의)
	S	Separate(분리된)
	C	Combine(결합된)
	I	Isolate(분리된)

2 TN 계통

(1) TN 계통

① Terra(접지) + Neutral(중성의)

② 전원 측 한 점을 직접접지, 설비의 노출도전부를 보호도체로 접속

③ 중성선 및 보호도체(PE)의 배치 및 접속 방식에 따라 분류

(2) TN - S 계통

① Terra(접지) + Neutral(중성의) + Separate(분리된)
② 계통 전체에 대해 별도의 중성선 또는 PE 도체를 사용한다.
③ 배전계통에서 PE 도체를 추가로 접지할 수 있다.

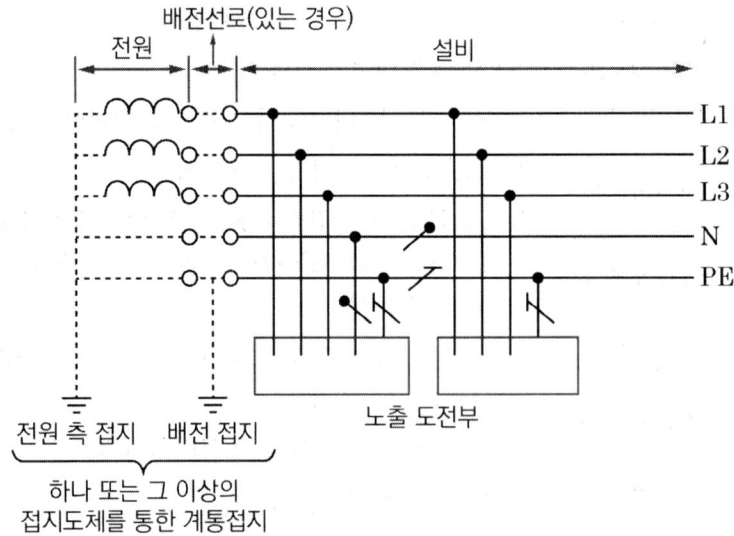

〈별도의 중성선과 보호도체가 있는 TN-S 계통〉

(3) TN - C 계통

① Terra(접지) + Neutral(중성의) + Combine(결합된)
② 계통에 중성선과 보호도체의 기능을 동일도체로 겸용한 PEN 도체를 사용한다.
③ 배전계통에서 PEN 도체를 추가로 접지할 수 있다.

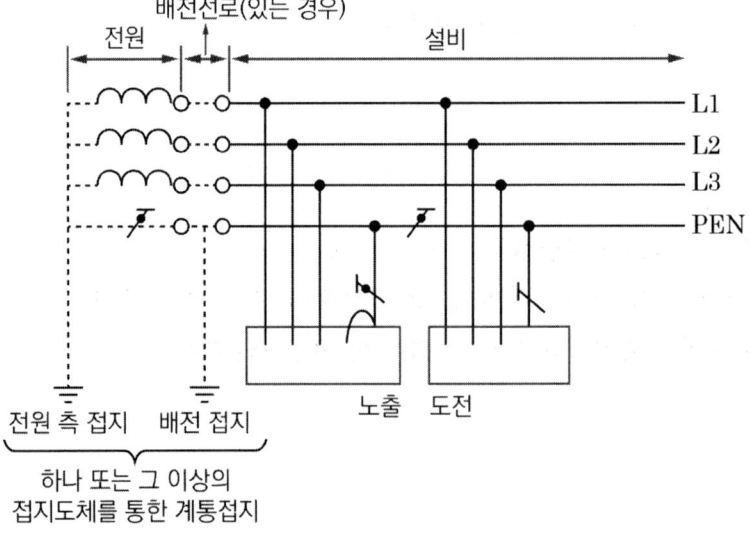

〈TN-C 계통〉

(4) TN - C - S 계통

① 계통 일부분에서 PEN 도체를 사용하거나, 중성선과 별도의 PE 도체를 사용하는 방식
② 배전계통에서 PEN 도체와 PE 도체를 추가로 접지할 수 있다.

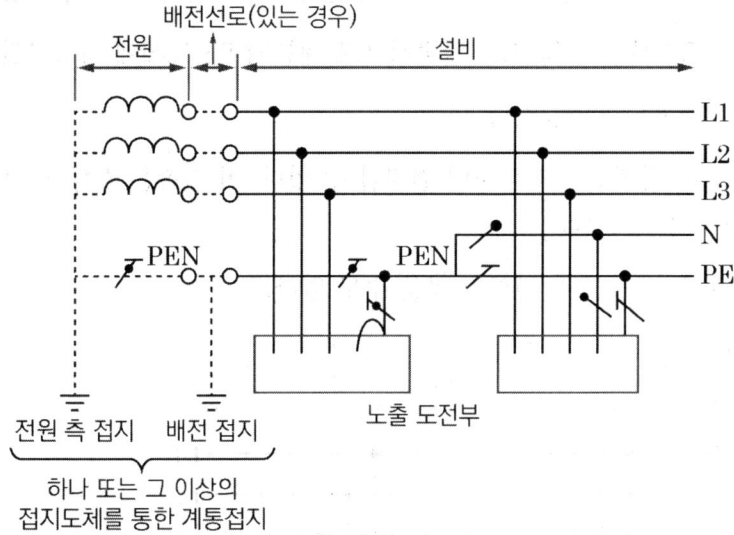

〈설비의 어느 곳에서 PEN이 PE와 N으로 분리된 3상 4선식 TN-C-S 계통〉

3 TT 계통

Terra(접지) + Terra(접지)

(1) 전원의 한 점을 직접 접지하고 설비의 노출도전부는 전원의 접지전극과 전기적으로 독립적인 접지극에 접속시킨다.

(2) 배전계통에서 PE 도체를 추가로 접지할 수 있다.

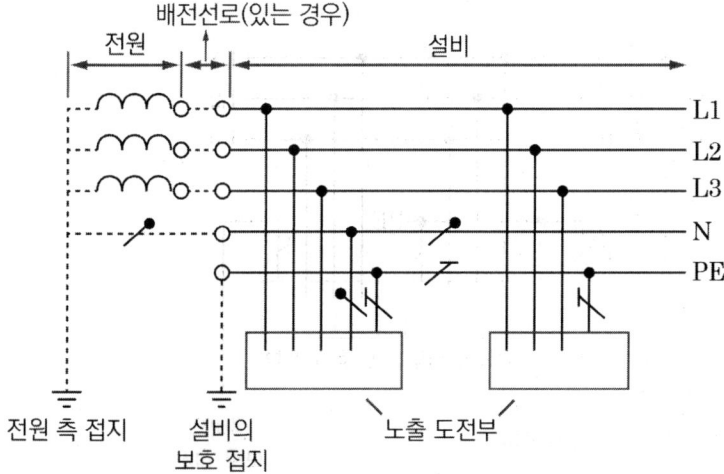

〈설비 전체에서 별도의 중성선과 보호도체가 있는 TT 계통〉

4 IT 계통

Isolate(분리된) + Terra(접지)

⑴ 충전부 전체를 대지로부터 절연시키거나, 한 점을 임피던스를 통해 대지에 접속시킨다.

⑵ 전기설비의 노출도전부를 단독 또는 일괄적으로 계통의 PE 도체에 접속시킨다.

⑶ 배전계통에서 추가접지가 가능하다.

⑷ 계통은 충분히 높은 임피던스를 통하여 접지할 수 있다. 이 접속은 중성점, 인위적 중성점, 선도체 등에서 할 수 있다.

⑸ 중성선은 배선할 수도 있고, 배선하지 않을 수도 있다.

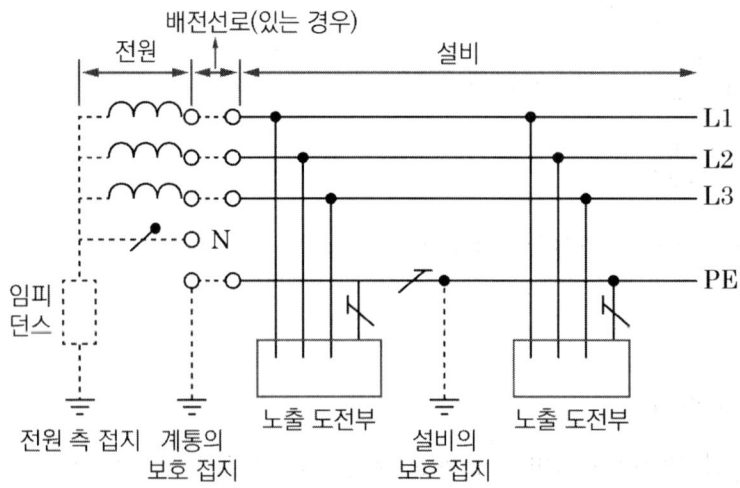

〈모든 노출도전부가 보호도체로 접속되어 일괄접지된 IT 계통〉

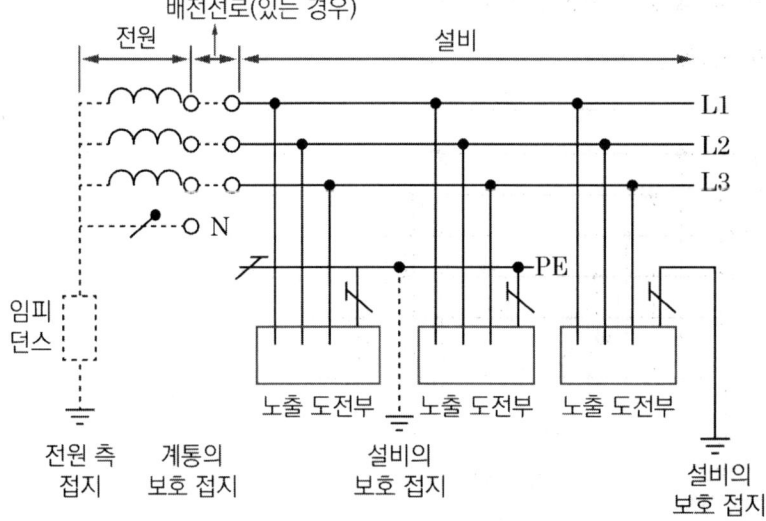

〈노출도전부가 조합으로 또는 개별로 접지된 IT 계통〉

5 공용(공통) 접지

(1) 공용(공통)접지의 장점
   ① 접지극의 수량 감소
   ② 접지극의 연접으로 접지극의 신뢰도 향상
   ③ 접지극의 연접으로 합성저항의 저감 효과
   ④ 계통접지의 단순화
   ⑤ 철근, 구조물 등을 연접하면 거대한 접지전극의 효과를 얻을 수 있다.

(2) 공용(공통)접지의 단점
   ① 계통의 이상전압 발생 시 유기전압 상승
   ② 다른 기기 계통으로부터 사고 파급
   ③ 피뢰침용과 공용하므로 뇌서지에 대한 영향을 받을 수 있다.

08 절연보호

1 절연저항

(1) 저압전로의 절연저항

① 누설전류 ≤ 최대 공급전류 × $\dfrac{1}{2000}$

② 저압 전로에서 정전이 어려운 경우 등 절연저항 측정이 곤란한 경우 저항성분의 누설전류가 1 [mA] 이하이면 그 전로의 절연성능은 적합한 것으로 본다.

전로의 사용전압[V]	DC 시험전압	절연저항[MΩ]
SELV 및 PELV	250	0.5
FELV, 500 [V] 이하	500	1.0
500 [V] 초과	1000	1.0

- ELV (Extra Low Voltage, 특별저압) : AC 50 [V], DC 120 [V] 이하
- SELV, PELV : 1, 2차가 전기적으로 절연된 회로
- FELV : 1, 2차가 전기적으로 절연되지 않은 회로

(2) 고압 및 특고압 전로의 절연내력시험

표에서 정한 시험전압을 전로와 대지 사이에 연속하여 10분간 가하여 시험하였을 때 이에 견뎌야 한다.

최대전압		시험전압 배율		시험 최저전압[V]
중성점 비접지식	7 [kV] 이하	1.5배		500
	7 [kV] 초과 60 [kV] 이하	1.25배		10500
	60 [kV] 초과	1.25배		-
중성점 접지식	7 [kV] 이하	1.5배		500
	7 [kV] 초과 25 [kV] 이하	다중접지식	0.92배	-
	25 [kV] 초과 60 [kV] 이하	1.25배		-
	60 [kV] 초과 170 [kV] 이하	접지식	1.1배	75000
		직접접지식	0.72배	-
	170 [kV] 초과	0.64배		-

TIP 고압 및 특고압의 변압기 전선로의 기타기기는 직류인 경우 교류의 2배로 한다.

2 절연협조

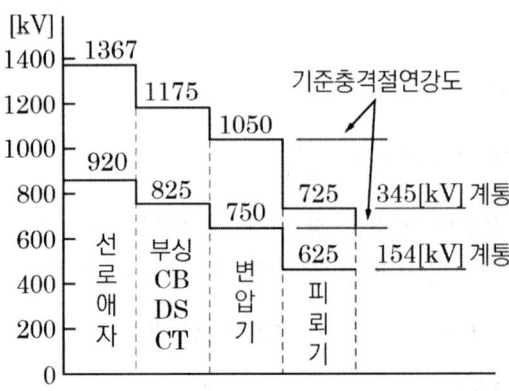

〈계통 전압별 절연협조 비교〉

(1) 피뢰기

① 피뢰기 제한전압을 기본으로 하여, 계통 내 상호 간 적정한 절연강도를 지니게 함으로써 계통을 설계하는 데 유리하다.

② 피뢰기 제한전압을 기본으로 하는 이유

외부 이상전압을 피뢰기에서 제한하여, 제한전압값 이상으로만 기기들을 절연해 주면 경제적이면서 합리적인 절연강도 선정이 가능하다.

(2) 절연협조에 의한 절연강도 순서

　선로애자 > 결합콘덴서 > 기기부싱 > 변압기 > 피뢰기

(3) 기준 충격 절연 강도(BIL : Basic Impulse insulation Level)

　① 절연협조의 기준이 되는 절연강도

　② BIL = 절연계급 × 5 + 50 [kV]

　③ 공칭전압 = 절연계급 × 1.1 [kV]

　④ 정격전압 = 공칭전압 × $\dfrac{1.2}{1.1}$ [kV]

CHAPTER 03 연습문제

01

한시(Time Delay) 보호 계전기의 종류를 4가지만 쓰시오.

정답

- 순한시 계전기
- 정한시 계전기
- 반한시 계전기
- 반한시성 정한시 계전기

02

계전기에 최소 동작값을 넘는 전류를 인가하였을 때부터 그 접점을 닫을 때까지 요하는 시간, 즉 동작시간을 한시 또는 시한이라고 한다. 다음 그림은 계전기를 한시 특성으로 분류하여 그린 것이다. 특성에 맞는 곡선에 해당하는 계전기의 명칭을 적으시오.

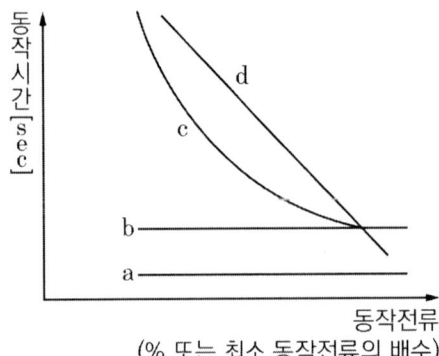

특성 곡선	계전기 명칭
A	
B	
C	
D	

정답

특성 곡선	계전기 명칭
A	순한시 계전기
B	정한시 계전기
C	반한시성 정한시 계전기
D	반한시 계전기

03 전기산업기사(2016년 2회)

부하개폐기(LBS : Load Breaker Switch)의 기능을 설명하시오.

정답

부하전류는 개폐할 수 있으나 고장전류는 차단할 수 없음

04 전기산업기사(2019년 2회)

거리 계전기의 설치점에서 고장점까지의 임피던스를 70 [Ω]이라고 하면 계전기 측에서 본 임피던스는 몇 [Ω]인지 구하시오. (단, PT의 비는 154000/110 [V], CT의 변류비는 500/5 [A]이다)

정답

■ 계산과정

$$Z_2 = Z_1 \times \frac{CT비}{PT비} = 70 \times \frac{500}{5} \times \frac{110}{154000} = 5 \, [\Omega]$$

답 5 [Ω]

05

부하 용량이 900 [kW]이고, 전압이 3상 380 [V]인 수용가 전기설비의 계기용 변류기를 결정하고자 한다. 다음 조건에 알맞은 변류기를 주어진 표에서 찾아 선정하시오.

[조건]
- 수용가의 인입 회로에 설치하는 것으로 한다.
- 부하 역률은 0.9로 계산한다.
- 실제 사용하는 정도의 1차 전류 용량으로 하며 여유율은 1.25배로 한다.

〈변류기의 정격〉

1차 정격전류[A]	400	500	600	750	1000	1500	2000	2500
2차 정격전류[A]	5							

정답

■ 계산과정

$P = \sqrt{3}\,VI\cos\theta$

$I = \dfrac{P}{\sqrt{3}\,V\cos\theta} = \dfrac{900 \times 10^3}{\sqrt{3} \times 380 \times 0.9} = 1519.34\ [A]$

변류기 1차 전류 $I_1 \times 1.25 = 1899.18\ [A]$

답 2000/5 선정

06 전기산업기사(2017년 3회)

다음 그림은 PT와 CT를 사용하여 3상 전압 및 전류를 측정하는 결선도이다. 누락된 부분의 그림 기호와 약호를 기입하고 미완성된 결선도를 완성하시오. (단, 접지표시를 한다)

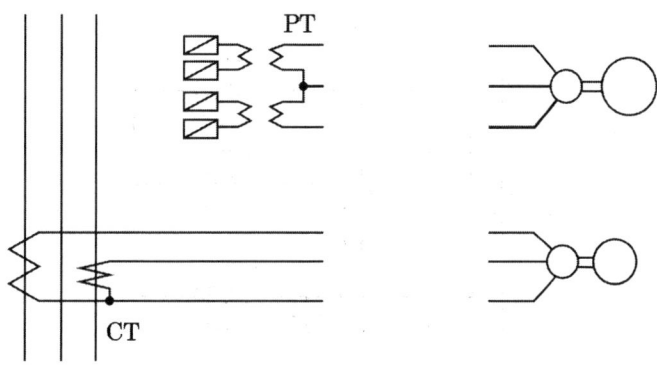

정답

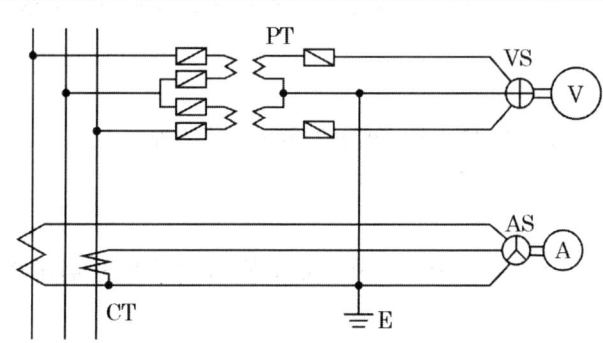

07 전기산업기사(2019년 1회)

계기용 변류기(CT, Current Transformer)의 목적과 정격부담에 대하여 설명하시오.

• 계기용 변류기의 목적 :

• 정격부담 :

정답

• 계기용 변류기의 목적 : 대전류를 소전류로 변성하여 계측기나 계전기의 전원으로 사용
• 정격부담 : 변류기 2차 측에 설치할 수 있는 부하의 한도[VA]

08

다음은 CT 2대를 V결선하고 OCR 3대를 그림과 같이 연결하였다. 그림을 보고 각 물음에 답하시오.

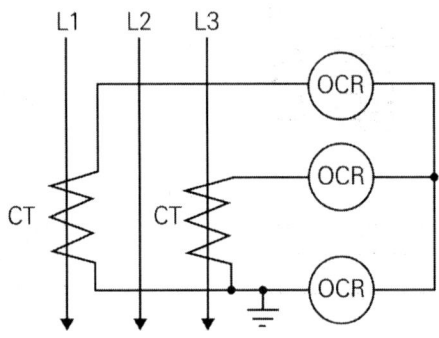

(1) 그림에서 CT의 변류비가 30/5이고, 변류기 2차 측 전류를 측정하였더니 3 [A]의 전류가 흘렀다면 수전전력은 몇 [kW]인지 구하시오. (단, 수전전압은 22900 [V], 역률은 90 [%]이다)

(2) OCR은 주로 어떤 사고가 발생하였을 때 동작하는지 쓰시오.

(3) 통전 중에 있는 변류기 2차 측 기기를 교체하고자 할 때 가장 먼저 취해야 할 조치는 무엇인지 쓰시오.

정답

■ 계산과정

(1) $P = \sqrt{3}\, V_1 I_1 \cos\theta \times 10^{-3} = \sqrt{3} \times 22900 \times \left(3 \times \dfrac{30}{5}\right) \times 0.9 \times 10^{-3} = 642.56\,[\text{kW}]$

(2) 단락사고

(3) 변류기의 2차 측을 단락시킨다.

> **핵심이론**
>
> □ CT의 1차 전류
> - 가동접속 : $I_1 = I_2 \times CT비$
> - 차동접속 : $I_1 = I_2 \times CT비 \times \dfrac{1}{\sqrt{3}}$

09 전기산업기사(2020년 2회)

차단기의 종류를 5가지만 적고, 각 차단기에 매칭되는 소호 매체(매질)을 적으시오.

차단기 종류	소호 매체
( ) 차단기	
( ) 차단기	
( ) 차단기	
( ) 차단기	
( ) 차단기	

정답

차단기 종류	소호 매체
진공 차단기(VCB)	진공
유입 차단기(OCB)	절연유
가스 차단기(GCB)	SF_6
공기 차단기(ABB)	압축공기
자기 차단기(MBB)	전자력

10 전기산업기사(2020년 2회)

그림과 같은 변전설비에서 무정전 상태로 차단기를 점검하기 위한 조작순서를 기구기호를 이용해서 설명하시오. (단, S1, R1은 단로기, T1은 By-Pass 단로기이고, T1은 평상시에 개방되어 있는 상태이다)

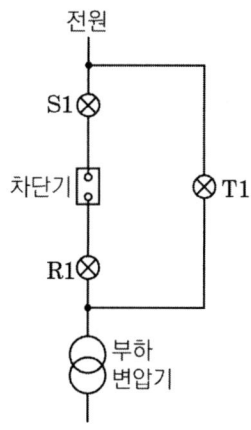

정답

T1(ON) → 차단기(OFF) → R1(OFF) → S1(OFF)

11 전기산업기사(2019년 1회)

고압 수용가의 큐비클식 수전설비의 주 차단장치의 종류에 따른 분류 3가지만 쓰시오.

정답

CB형, PF - CB형, PF - S형

핵심이론

□ 고압 수용가의 큐비클식 수전설비의 주 차단장치의 종류

CB형	차단기형
PF - CB형	한류퓨즈 · 차단기형
PF - S형	한류퓨즈 · 교류 부하 개폐기형

12 전기산업기사(2015년 2회)

수전전압 22.9 [kV], 가공전선로의 %임피던스가 5 [%]일 때 수전점의 단락전류가 3000 [A]인 경우 기준 용량을 구하고, 다음 표에서 수전용 차단기의 정격 용량을 선정하여라.

⟨차단기의 정격 용량[MVA]⟩

50	75	100	150	250	300	400	500

(1) 기준 용량

(2) 차단기 정격 용량 선정

정답

■ 계산과정

(1) 기준 용량 $P_n = \sqrt{3}\, V_n I_n = \sqrt{3} \times 22.9 \times 10^3 \times \left(\dfrac{5}{100} \times 3000\right) \times 10^{-6} = 5.95$ [MVA]

답 5.95 [MVA]

(2) 단락비 $\dfrac{P_s}{P_n} = \dfrac{100}{\%Z}$ 에서

차단 용량 $P_s = \dfrac{100}{\%Z} \times P_n = \dfrac{100}{5} \times 5.95 = 119$ [MVA]

답 150 [MVA]

13 전기산업기사(2019년 1회)

피뢰기는 이상전압이 기기에 침입했을 때 그 파곳값을 저감시키기 위하여 뇌전류를 대지로 방전시켜 절연파괴를 방지하며, 방전에 의하여 생기는 속류를 차단하여 원래의 상태로 회복시키는 장치이다. 다음 각 물음에 답하시오.

(1) 갭(Gap)형 피뢰기의 구성 요소를 쓰시오.

(2) 피뢰기의 구비조건을 4가지만 쓰시오.

(3) 피뢰기의 제한전압이란 무엇인지 쓰시오.

(4) 피뢰기의 정격전압이란 무엇인지 쓰시오.

(5) 충격 방전개시전압이란 무엇인지 쓰시오.

정답

(1) 직렬 갭과 특성요소

(2) ① 충격파 방전개시전압이 낮을 것　② 상용주파 방전개시전압이 높을 것
　　③ 방전내량이 크면서 제한전압이 낮을 것　④ 속류 차단 능력이 충분할 것

(3) 피뢰기 방전 시 단자전압

(4) 속류를 차단할 수 있는 교류의 최대전압

(5) 피뢰기 단자 간에 충격전압이 인가될 경우 방전을 개시하는 전압

14

22.9 [kV]인 3상 4선식의 다중접지 방식에서 다음 각 장소에 시설되는 피뢰기의 정격전압은 몇 [kV]이어야 하는지 쓰시오.

(1) 배전선로
(2) 변전소

정답

(1) 18 [kV]
(2) 21 [kV]

15

피뢰기 속류와 제한전압에 대하여 서술하시오.

정답

- 속류 : 방전 이후에 전원으로부터 공급되어 피뢰기에 흐르는 전류
- 제한전압 : 피뢰기 방전 중 피뢰기 단자 간에 남게 되는 충격전압(피뢰기가 처리하고 남은 전압)

16

피뢰기의 정기점검 항목을 4가지만 쓰시오.

정답

- 피뢰기 애자 부분 손상 여부 점검
- 피뢰기 접지선 접선상태의 이상 유무 점검
- 피뢰기 절연저항 측정
- 피뢰기 접지저항 측정

17 전기산업기사(2023년 1회)

서지흡수기의 역할과 설치장소를 쓰시오.

정답

(1) 역할 : 개폐 서지를 억제하여 2차 기기를 보호
(2) 설치위치 : 차단기 2차 측과 부하 측의 1차 측 사이

18 전기산업기사(2019년 2회)

변압기와 고압 모터에 서지흡수기를 설치하고자 한다. 각각의 경우에 대하여 서지흡수기를 그려 넣고 각각의 공칭전압에 따른 서지흡수기의 정격(정격전압 및 공칭방전전류)도 함께 쓰시오.

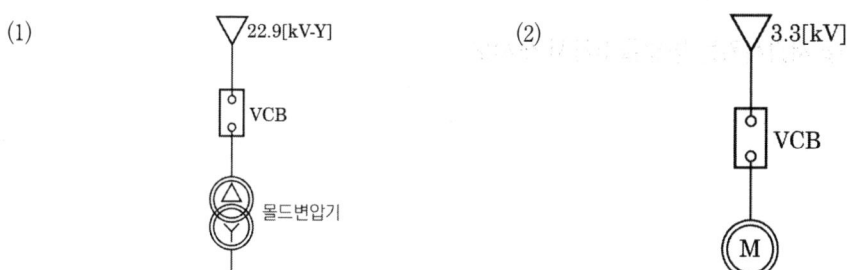

정답

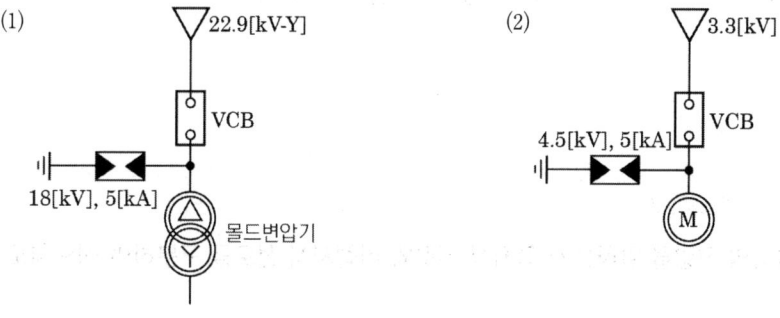

핵심이론

□ 서지흡수기의 정격전압

공칭전압[kV]	3.3	6.6	22.9
정격전압[kV]	4.5	7.5	18
공칭방전전류[kA]	5	5	5

19 전기산업기사(2018년 2회)

서지보호장치(SPD : Surge Protective Device)에 대하여 기능에 따른 분류 3가지와 구조에 따른 분류 2가지를 쓰시오.

정답

- 기능에 의한 분류 : 전압스위칭형 SPD, 전압제한형 SPD, 복합형 SPD
- 구조에 의한 분류 : 1포트형, 2포트형

20 전기산업기사(2016년 2회)

접지공사에서 접지저항을 저감시키는 방법을 5가지 쓰시오.

정답

- 접지극의 길이를 길게 한다.
- 접지봉의 매설깊이를 깊게 한다.
- 심타공법으로 시공한다.
- 접지극을 병렬접속한다.
- 접지저항 저감제를 사용한다.

21 전기산업기사(2014년 2회)

대지전압이란 무엇과 무엇 사이의 전압을 말하는지 접지식 전로와 비접지식 전로를 구분하여 적으시오.

정답

- 접지식 전로 : 전선과 대지 사이의 전압
- 비접지식 전로 : 전선과 그 전로 중 임의의 다른 전선 사이의 전압

그림과 같은 계통의 기기의 A점에서 완전 지락이 발생하였다. 그림을 이용하여 다음 각 질문에 답하시오.

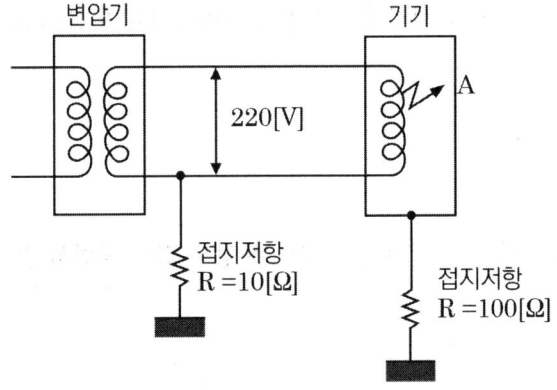

(1) 이 기기의 외함에 인체가 접촉하고 있지 않을 경우 이 외함의 대지전압을 구하시오.

(2) 이 기기의 외함에 인체가 접촉하였을 경우 인체를 통해서 흐르는 전류[mA]를 구하시오. (단, 인체의 저항은 3000 [Ω]으로 한다)

정답

(1) 대지전압 : $e = \dfrac{R_2}{R_1 + R_2} \times V = \dfrac{100}{10 + 100} \times 220 = 200 \text{ [V]}$ **답** 200 [V]

(2) 인체에 흐르는 전류 $I = \dfrac{V}{R_1 + \dfrac{R_2 \cdot R}{R_2 + R}} \times \dfrac{R_2}{R_2 + R}$

$= \dfrac{220}{10 + \dfrac{100 \times 3000}{100 + 3000}} \times \dfrac{100}{100 + 3000}$

$= 0.06647 = 66.47 \times 10^{-3} = 66.47 \text{ [mA]}$ **답** 66.47 [mA]

23

주 변압기가 3상 △결선(6.6 [kV] 계통)일 때 지락 사고 시 지락보호에 대하여 다음 질문에 답하시오.

(1) 지락보호에 사용하는 변성기 및 계전기의 명칭을 각각 1가지만 쓰시오.
   ① 변성기 :

   ② 계전기 :

(2) 영상전압을 얻기 위하여 단상 PT 3대를 사용하는 경우 접속 방법을 간단히 설명하시오.

정답

(1) ① 변성기
   - 접지형 계기용 변압기(GPT)
   - 영상 변류기(ZCT)
   ② 계전기
   - 지락 방향 계전기
   - 지락 계전기(선택지락 계전기)

(2) 3대의 단상 PT를 사용하여 1차 측을 Y결선하여 중성점을 직접 접지하고, 2차 측은 개방 △결선한다.

24

다음 그림은 TN계통의 TN-C 방식 저압배전선로 접지계통이다. 중성선(N), 보호선(PE) 등의 범례기호를 활용하여 노출 도전성 부분의 접지계통 결선도를 완성하시오.

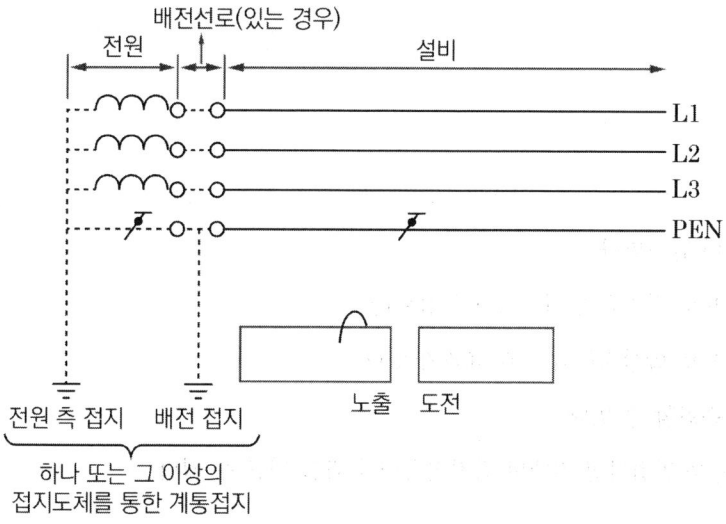

정답

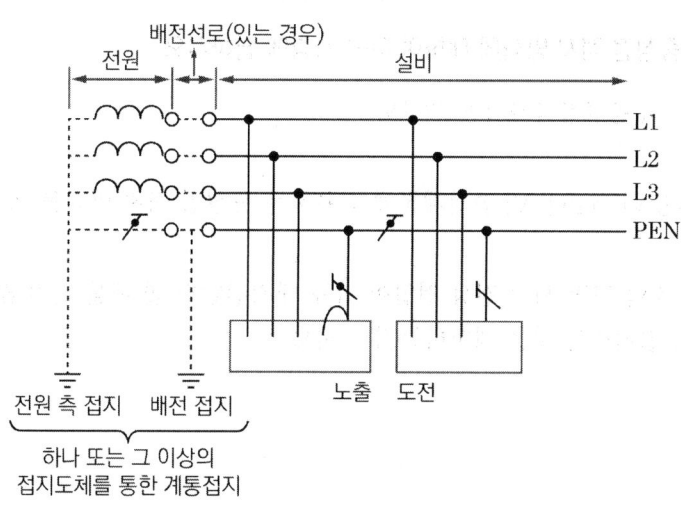

〈TN-C 계통〉

25

대형 건축물 내에 설치된 전기를 사용하는 여러 설비의 접지를 공통으로 묶어서 사용하는 공통접지의 특징 중에서 장점을 5가지만 적으시오.

정답

(1) 접지극의 수량이 감소한다.
(2) 접지극의 연접으로 접지극의 신뢰도가 향상된다.
(3) 접지극의 연접으로 합성저항의 저감 효과가 있다.
(4) 계통접지를 단순화할 수 있다.
(5) 철근, 구조물 등을 연접하면 거대한 접지전극의 효과를 얻을 수 있다.

26

송전계통의 변압기 중성점 접지 방식에 대하여 다음 사항에 답하시오.

(1) 중성점 접지 방식의 종류를 4가지만 쓰시오.

(2) 우리나라의 154 [kV], 345 [kV] 송전계통에 적용하는 중성점 접지 방식을 쓰시오.

(3) 유효접지란 1선 지락 고장 시 건전상 전압이 상규 대지전압의 몇 배를 넘지 않도록 중성점 임피던스를 조절해서 접지하는 것을 의미하는지 쓰시오.

정답

(1) 비접지 방식, 직접접지 방식, 소호 리액터접지 방식, 저항접지
(2) 직접접지
(3) 1.3배

27

다음 각 항목을 측정하는 데 가장 알맞은 계측기 또는 측정방법을 쓰시오.

(1) 변압기의 절연저항 :

(2) 검류계의 내부저항 :

(3) 전해액의 저항 :

(4) 배전선의 전류 :

(5) 접지극 접지저항 :

정답

(1) 변압기의 절연저항 : 절연저항계(Megger)

(2) 검류계의 내부저항 : 휘스톤 브리지

(3) 전해액의 저항 : 콜라우시 브리지

(4) 배전선의 전류 : 후크온 메터

(5) 접지극 접지저항 : 콜라우시 브리지, 접지저항계

28

Y결선 3상 4선식 최대사용전압이 22.9 [kV]인 중성점 다중접지 방식의 가공전선로와 대지 간의 절연내력 시험전압은 얼마인지 계산하고, 몇 분간 견디어야 하는지 쓰시오.

(1) 절연내력 시험전압

(2) 시험시간

정답

(1) 절연내력 시험전압 $V = 22900 \times 0.92 = 21068$ [V] 　　　답 21068 [V]

(2) 시험시간 : 10분

핵심이론

▫ 전로의 절연저항 및 절연내력(KEC 132)

구분	최대사용전압	시험전압	최소 전압
비접지	7 [kV] 이하	1.5배	500 [V]
	7 [kV] 초과	1.25배	10.5 [kV]
중성선 다중접지	7 [kV] ~ 25 [kV]	0.92배	-
중성점 접지식	60 [kV] 초과	1.1배	75 [kV]
중성점 직접접지식	60 [kV] ~ 170 [kV]	0.72배	-
	170 [kV] 초과	0.64배	-

29

다음은 최대사용전압 6900 [V]인 변압기의 절연내력 시험도이다. 각 질문에 답하시오.

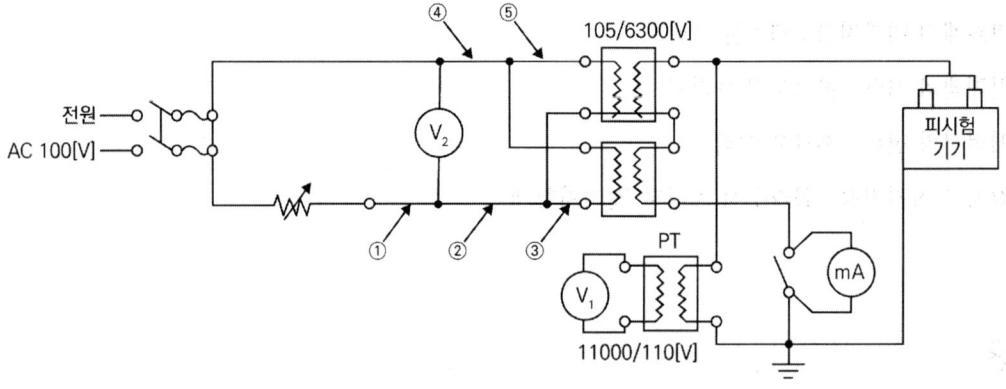

(1) 전원 측 회로에 전류계를 설치하고자 할 때 ① ~ ⑤번 중 어느 곳이 적당한지 쓰시오.

(2) 시험 시 전압계 V_1로 측정되는 전압(V)을 구하시오.

(3) 시험 시 전압계 V_2로 측정되는 전압(V)을 구하시오.

(4) PT의 설치 목적을 쓰시오.

(5) 전류계는 어떤 전류를 측정하기 위함인지 쓰시오.

> 정답

(1) ①

(2) 시험전압은 $6900 \times 1.5 = 10350 \, [\text{V}]$

전압계 V_1로 측정되는 2차 측 전압 $V_2 = \dfrac{1}{a} V_1 = \dfrac{110}{11000} \times 10350 = 103.5 \, [\text{V}]$

(3) 전압계 V_2로 측정되는 1차 측 전압 $V_1 = a V_2 = \dfrac{105}{6300} \times 10350 \times \dfrac{1}{2} = 86.25 \, [\text{V}]$

(4) 피시험기기의 절연내력전압 측정

(5) 누설전류의 측정

30 전기산업기사(2020년 2회)

차단기 명판에 BIL 150 [kV], 정격 차단전류 20 [kA], 차단 시간 5 [Hz], 솔레노이드형이라고 기재되어 있다. 이것을 참고하여 다음 각 질문에 답하시오.

(1) BIL이란 무엇인지 그 명칭을 적으시오.

(2) 이 차단기의 정격전압이 25.8 [kV]라면 정격 용량은 몇 [MVA]가 되겠는가?

(3) 차단기를 트립(Trip)시키는 방식을 3가지만 적으시오.

> 정답

(1) 기준 충격 절연 강도

(2) $P_s = \sqrt{3} \, V_n I_s = \sqrt{3} \times 25.8 \times 20 = 893.74 \, [\text{MVA}]$ 　　　답 893.74 [MVA]

(3) ① 직류 전압 트립 방식　② 콘덴서 트립 방식　③ 부족전압 트립 방식

31

아래 그림은 154 [kV] 계통 절연협조를 위한 각 기기의 절연강도 비교표이다. 변압기, 선로애자, 개폐기 지지애자, 피뢰기 제한전압이 속해 있는 부분은 어느 곳인지 쓰시오.

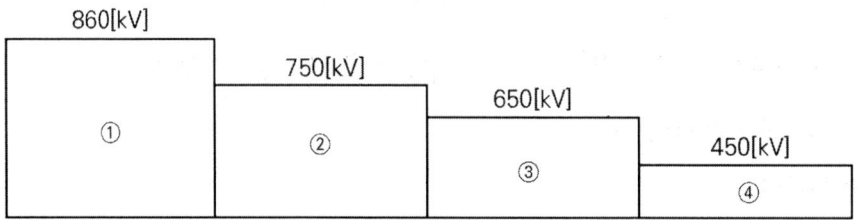

정답

① 선로애자

② 개폐기 지지애자

③ 변압기

④ 피뢰기 제한전압

CHAPTER 04 수변전계통

01 CB 1차 측에 CT를 CB 2차 측에 PT를 시설하는 경우

1 특고압 수전설비 결선도

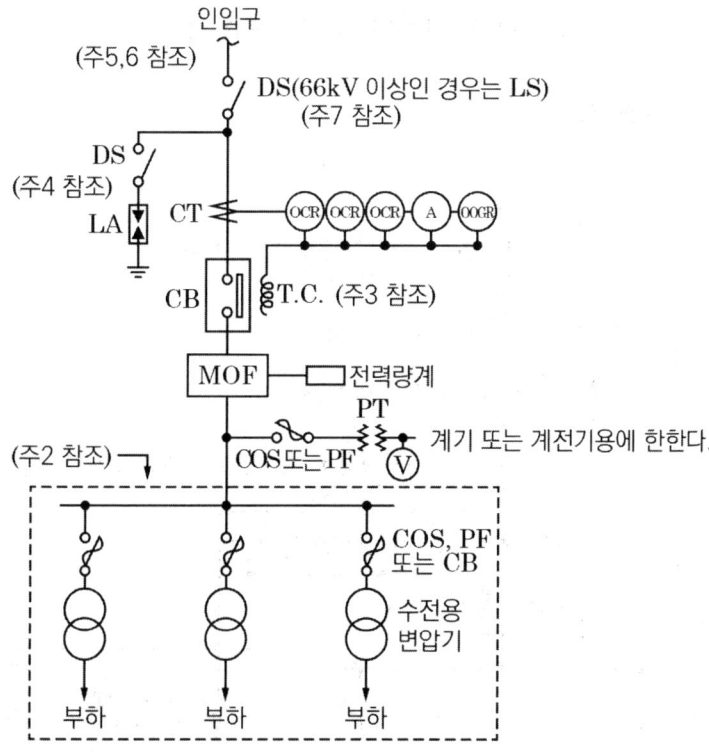

(1) 22.9 [kV - Y], 1000 [kVA] 이하인 경우는 간이 수전설비 결선도에 의할 수 있다.

(2) 결선도 중 점선 내의 부분은 참고용 예시이다

(3) 차단기의 트립전원은 직류(DC) 또는 콘덴서 방식(CTD)이 바람직하며 66 [kV] 이상의 수전설비는 직류(DC)이어야 한다.

(4) LA용 DS는 생략할 수 있으며 22.9 [kV - Y]용의 LA는 Disconnector(또는 Isolator) 붙임형을 사용하여야 한다.

(5) 인입선을 지중선으로 시설하는 경우에 공동 주택 등 고장 시 정전의 피해가 큰 경우는 예비 지중선을 포함하여 2회선으로 시설하는 것이 바람직하다.

(6) 지중인입선의 경우에 22.9 [kV - Y] 계통은 CNCV - W케이블(수밀형) 또는 TR CNCV - W(트리억제형)을 사용하여야 한다. 다만 전력구·공동구·덕트·건물구 내 등 화재의 우려가 있는 장소에서는 FR CNCO - W (난연케이블)을 사용하는 것이 바람직하다.

(7) DS 대신 자동 고장 구분개폐기(7000 [kVA] 초과 시는 Sectionalizer)를 사용할 수 있으며 66 [kV] 이상의 경우는 LS를 사용하여야 한다.

02 CB 1차 측에 CT와 PT를 시설하는 경우

(CB 1차 측의 변압기 설치는 10 [kVA] 이하의 경우에 적용 가능)

1 특고압 수전설비 결선도

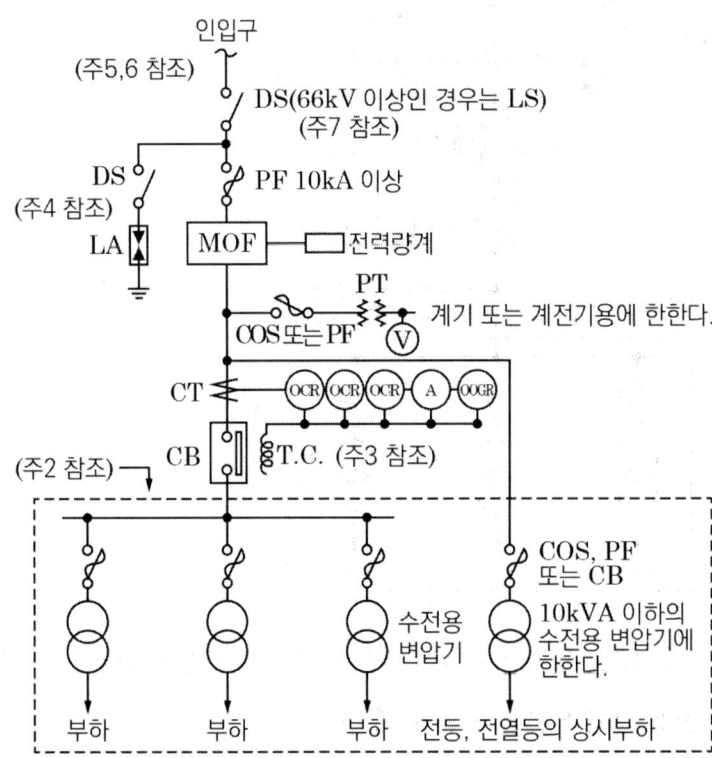

(1) 22.9 [kV - Y] 1000 [kVA] 이하인 경우는 간이 수전설비 결선도에 의할 수 있다.

(2) 결선도 중 점선 내의 부분은 참고용 예시이다.

(3) 차단기의 트립전원은 직류(DC) 또는 콘덴서 방식(CTD)이 바람직하며 66 [kV] 이상의 수전설비에는 직류(DC)이어야 한다.

(4) LA용 DS는 생략할 수 있으며 22.9 [kV - Y]용의 LA는 Disconnector(또는 Isolator) 붙임형을 사용하여야 한다.

(5) 인입선을 지중선으로 시설하는 경우에 공동주택 등 고장 시 정전 피해가 큰 경우는 예비 지중선을 포함하여 2회선으로 시설하는 것이 바람직하다.

(6) 지중인입선의 경우에 22.9 [kV - Y] 계통은 CNCV - W케이블(수밀형) 또는 TR CNCV - W(트리억제형)을 사용하여야 한다. 다만 전력구·공동구·덕트·건물구 내 등 화재의 우려가 있는 장소에서는 FR CNCO - WC(난연)케이블을 사용하는 것이 바람직하다.

(7) DS 대신 자동고장구분개폐기(7000 [kVA] 초과 시에는 Sectionalizer)를 사용할 수 있으며 66 [kV] 이상의 경우는 LS를 사용하여야 한다.

03 CB 1차 측에 PT를 CB 2차 측에 CT를 시설하는 경우

1 특고압 수전설비 결선도

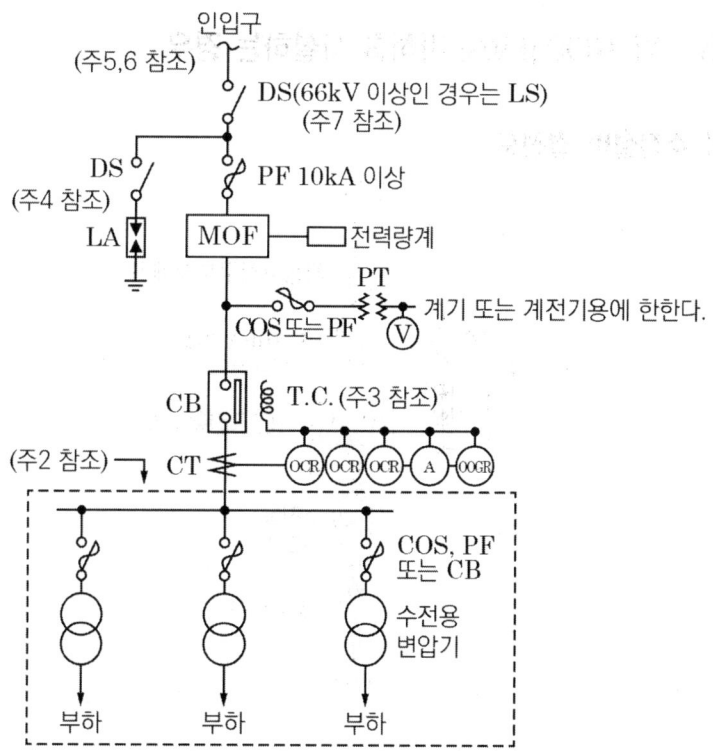

(1) 22.9 [kV - Y] 1,000 [kVA] 이하인 경우는 간이 수전설비 결선도에 의할 수 있다.

(2) 결선도 중 점선 내의 부분은 참고용 예시이다

(3) 차단기의 트립전원은 직류(DC) 또는 콘덴서 방식(CTD)이 바람직하며 66 [kV] 이상의 수전설비에는 직류(DC)이어야 한다.

(4) LA용 DS는 생략할 수 있으며 22.9 [kV - Y]용의 LA는 Disconnector(또는 Isolator) 붙임형을 사용하여야 한다.

(5) 인입선을 지중선으로 시설하는 경우에 공통주택 등 고장 시 정전피해가 큰 경우는 예비 지중선을 포함하여 2회선으로 시설하는 것이 바람직하다.

(6) 지중인입선의 경우에 22.9 [kV - Y] 계통은 CNCV - W 케이블(수밀형) 또는 TR CNCV - W(트리억제형)을 사용하여야 한다. 다만 전력구·공통구·덕트·건물구 내 등 화재의 우려가 있는 장소에서는 FR CNCO - W(난연)케이블을 사용하는 것이 바람직 하다.

(7) DS 대신 자동고장구분개폐기(7000 [kVA] 초과 시에는 Sectionalizer)를 사용할 수 있으며 66 [kV] 이상의 경우는 LS를 사용하여야 한다.

04 22.9 [kV - Y] 1000 [kVA] 이하를 시설하는 경우

1 특고압 간이 수전설비 결선도

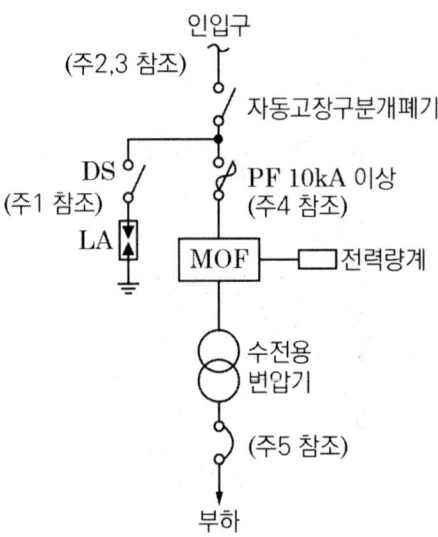

(1) LA용 DS는 생략할 수 있으며 22.9 [kV - Y]용의 LA는 Disconnector(또는 Isolator) 붙임형을 사용하여야 한다.

(2) 인입선을 지중선으로 시설하는 경우로 공동주택 등 고장 시 정전피해가 큰 경우는 예비 지중선을 포함하여 2회선으로 시설하는 것이 바람직하다.

⑶ 지중인입선의 경우에 22.9 [kV - Y] 계통은 CNCV - W케이블(수밀형 또는 TR CNCV - W(트리억제형)을 사용하여야 한다. 다만 전력구·공동구·덕트·건물구 내 등 화재의 우려가 있는 장소에서는 FR CNCO - W(난연) 케이블을 사용하는 것이 바람직하다.

⑷ 300 [kVA] 이하인 경우는 PF 대신 COS(비대칭 차단전류 10 [kA] 이상의 것)을 사용할 수 있다.

⑸ 특고압 간이수전설비는 PF의 용단 등의 결상사고에 대한 대책이 없으므로 변압기 2차 측에 설치되는 주 차단기에는 결상 계전기 등을 설치하여 결상사고에 대한 보호능력이 있도록 함이 바람직하다.

05 도면 기호

약호	명칭	기호	설명
CB	차단기		단락사고, 과부하, 지락사고 등 사고 전류와 부하전류를 차단하기 위한 장치
LA	피뢰기		뇌 또는 회로의 개폐로 인한 과전압을 제한하여 전기설비의 절연을 보호하고 속류를 차단
CH	케이블 헤드		지중전선로나 가공전선과 케이블이 접속하는 지지물
COS	컷아웃 스위치		• 변압기 및 주요기기 1차 측에 시설하여 단락보호용으로 사용 • 단상분기선에 사용하여 과전류 보호
CT	계기용 변류기		대전류를 소전류(정격 5 [A])으로 변성한다.
PT	계기용 변압기		고전압을 저전압(정격 110 [V])으로 변성한다.
MOF	전력수급용 계기용 변성기		전력량계 위한 PT와 CT를 한 탱크 안에 넣은 것
ZCT	영상변류기		지락전류 검출
V	전압계		전압을 측정

약호	명칭	기호	설명
A	전류계	Ⓐ	전류를 측정
VS	전압계용 전환 개폐기	⊕	1대의 전압계로 3상 각 상의 전압을 측정하기 위한 전환 개폐기
AS	전류계용 전환 개폐기		1대의 전류계로 3상 각 상의 전류를 측정하기 위한 전환 개폐기
SC	전력용 콘덴서	─┤├─	선로에 병렬접속하게 되면 이는 진상 무효전력 발생원이 되어 선로 및 부하에 진상 무효전력을 공급하게 됨
PF	전력퓨즈		• 차단기 대용으로 사용 • 전로의 단락 보호용으로 사용(단락전류 차단) • 타 보호기기와 협조 가능
DS	단로기	─o ⁄o─	• 차단기와 조합하여 사용하며 전류가 통하고 있지 않은 상태에서 개폐 가능 • 각 상별로 개폐 가능 • 부하전류를 개폐할 수 없음
DC	방전코일		콘덴서에 축전된 잔류전하 방전
E	접지		접지 또는 그라운드는 전기회로나 전기기기 따위를 도체로 땅에 연결하는 것
IS	기중 부하 개폐기		• 수동 조작 또는 전동조작으로 부하전류는 개폐할 수 있으나 고장전류는 차단할 수 없음 • 염진해 인화성 폭발성 • 부식성 가스와 진동이 심한 장소에 설치하여서는 안 됨
LS	선로 개폐기		• 정격전압에서 전로의 충전전류 개폐 가능 • 3상을 동시 개폐(원방수동 및 통력조작 부하전류를 개폐할 수 없음)
DM	최대 수요 전력계 (전력량계)		유효전력량을 측정하는 기기
VAR	무효 전력계		무효전력량을 측정하는 기기
F	주파수 계전기		교류의 주파수에 따라 동작하는 계전기
PF	역률계		역률을 측정하는 기기
GR(G)	지락 계전기		지락사고 시 동작하는 계전기로 영상전류를 검출하는 영상변류기(ZCT)와 조합하여 사용
OCR (OC)	과전류 계전기		정정값 이상의 전류가 흐르면 동작하여 차단기의 트립코일 여자

약호	명칭	설명
OCGR	지락 과전류 계전기	과전류 계전기보다 동작전류가 작고, 배전선이나 기기의 지락보호에 사용
TC	트립코일	보호 계전기 신호에 의해 차단기 개로
ASS	고장 구분 개폐기	• 전부하 상태에서 자동 또는 수동 투입 및 개방 가능 • 과부하 보호기능
AISS	기중형 고장 구간 자동 개폐기	• 고장 구간을 자동으로 개방하여 파급사고를 방지 • 전부하 상태에서 자동(또는 수동)으로 개방하여 과부하 보호
ALTS	자동 부하 전환 개폐기	• 자동 또는 수동 전환이 가능하여 배전반 내에서 원방 조작 가능 • 3상 일괄 조작 방식으로 옥내 외 설치 가능
ATS	자동 절체 스위치	상용전원과 비상전원 사이에 설치하여 평상시에는 상용전원을 부하 측과 연결하여 사용하다 상용전원의 이상이나 정전 시 비상전원 측으로 전환하여 연결해주는 장치
OS	유입 개폐기	이상상태가 아닌 보통 상태에서 부하전류를 수동으로 개폐하는 기기

06 계전기 번호

번호	명칭	번호	명칭
21	거리 계전기	52	교류 차단기
27	부족전압 계전기	59	과전압 계전기
46	역상 계전기	64	지락 과전압 계전기
49	온도 계전기	67	지락방향 계전기
51	과전류 계전기	87	비율차동 계전기
51V	전압억제부 과전류 계전기	87 T	주변압기 차동 계전기

CHAPTER 04 | 연습문제

01
전기산업기사(2014년 1회)

다음 도면은 어느 수변전설비의 미완성 단선 계통도이다. 도면을 읽고 질문에 답하시오.

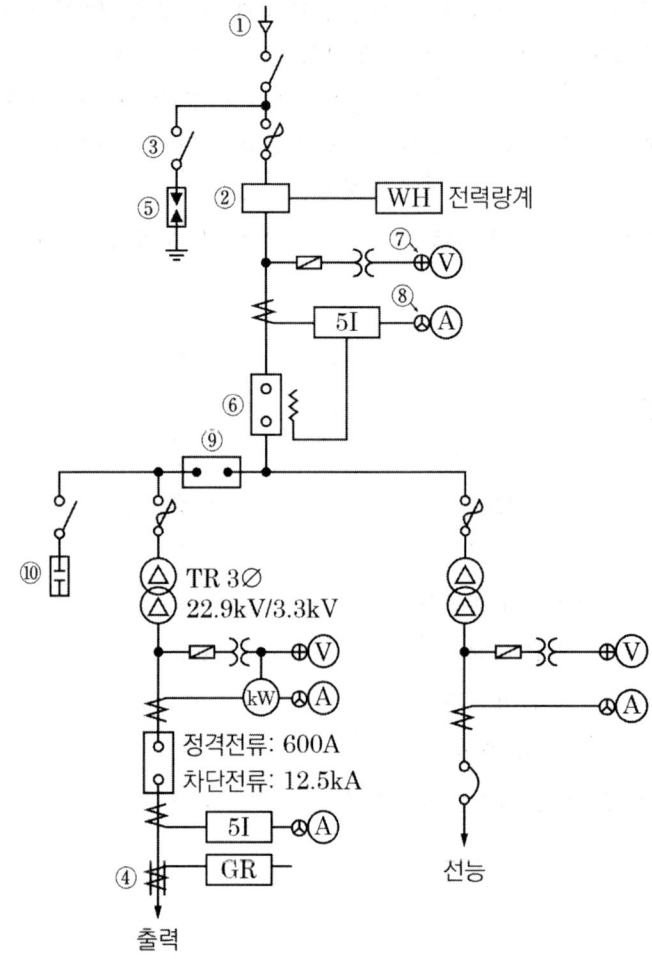

(1) 도면에 표시한 ① ~ ⑩번까지의 약호와 명칭을 쓰시오.

번호	약호	명칭	번호	약호	명칭
①			⑥		
②			⑦		
③			⑧		
④			⑨		
⑤			⑩		

(2) ⑩번을 직렬 리액터와 방전코일이 부착된 상태로 복선도를 그리시오.

(3) 동력용 △-△결선 변압기의 복선도를 그리시오.

(4) 동력 부하로 3상 유도전동기 20 [kW], 역률 60 [%](지상) 부하가 연결되어 있다. 이 부하의 역률을 80 [%]로 개선하는 데 필요한 전력용 콘덴서의 용량은 몇 [kVA]인가?

정답

(1)

번호	약호	명칭	번호	약호	명칭
①	CH	케이블 헤드	⑥	CB	차단기
②	MOF	전력 수급용 계기용 변성기	⑦	VS	전압계용 전환 개폐기
③	DS	단로기	⑧	AS	전류계용 전환 개폐기
④	ZCT	영상변류기	⑨	OS	유입 개폐기
⑤	LA	피뢰기	⑩	SC	전력용 콘덴서

(2)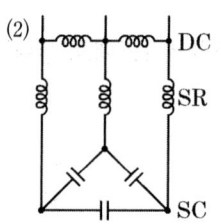

(3)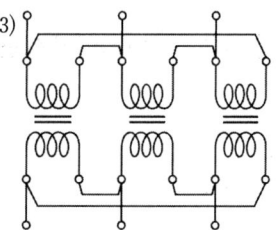

(4) $Q_c = 20 \times \left(\dfrac{0.8}{0.6} - \dfrac{0.6}{0.8} \right) = 11.67$ [kVA]

02 전기산업기사(2014년 2회)

다음 도면은 어느 수전설비의 단선결선도이다(일부 생략). 질문에 답하시오.

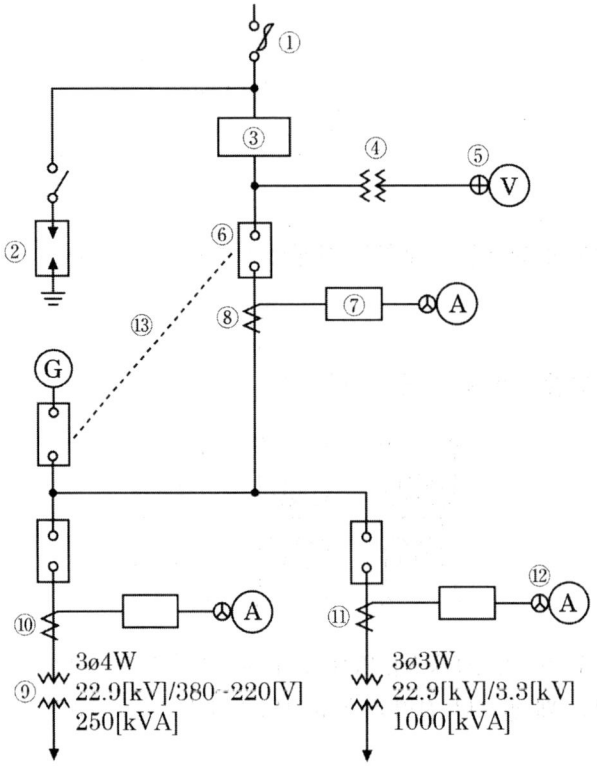

(1) ① ~ ⑧, ⑫에 해당되는 부분의 명칭과 용도를 쓰시오.

(2) ④의 기기의 1차, 2차 전압은?

(3) ⑨ 변압기 2차 측 결선 방법은?

(4) ⑩, ⑪ 변류기의 1차, 2차 전류는 몇 [A]인가? (단, CT 정격전류는 부하 정격전류의 1.5배로 한다)

(5) ⑬과 같이 하는 목적은 무엇인가?

정답

(1)

번호	명칭	용도
①	전력 퓨즈	일정한 값 이상의 과전류 및 단락전류를 차단
②	피뢰기	이상전압이 내습하면 이를 대지로 방전하고 속류를 차단
③	전력 수급용 계기용 변성기	전력량계를 위해 PT와 CT를 한 탱크 안에 넣은 것
④	계기용 변압기	고전압을 저전압으로 변성하여 계기 및 계전기 등의 전원 공급
⑤	전압계용 전환 개폐기	1대의 전압계로 3상 각 전압을 측정하기 위한 전환 개폐기
⑥	차단기	단락사고, 과부하, 지락사고 등 사고 전류와 부하전류를 차단하기 위한 장치
⑦	과전류 계전기	정정값 이상의 전류가 흐르면 동작하여 차단기의 트립코일 여자
⑧	변류기	대전류를 소전류로 변성하여 계기 및 계전기에 전원 공급
⑫	전류계용 전환 개폐기	1대의 전류계로 3상 각 상의 전류를 측정하기 위한 전환 개폐기

(2) 1차 전압 : $\dfrac{22900}{\sqrt{3}}$ [V], 2차 전압 : 110 [V]

(3) Y결선

(4) ⑩ $I_1 = \dfrac{250}{\sqrt{3} \times 22.9} = 6.3$ [A]

∴ $6.3 \times 1.5 = 9.45$ [A]이므로 변류비 10/5 선정

∴ $I_2 = \dfrac{250}{\sqrt{3} \times 22.9} \times \dfrac{5}{10} = 3.15$ [A]

> 답 1차 전류 6.3 [A], 2차 전류 3.15 [A]

⑪ $I_1 = \dfrac{1000}{\sqrt{3} \times 22.9} = 25.21$ [A]

∴ $25.21 \times 1.5 = 37.82$ [A]이므로 변류비 40/5 선정

∴ $I_2 = \dfrac{1000}{\sqrt{3} \times 22.9} \times \dfrac{5}{40} = 3.15$ [A]

> 답 1차 전류 25.21 [A], 2차 전류 3.15 [A]

(5) 상용 전원과 예비 전원의 동시 투입을 방지한다(인터록).

그림은 22.9 [kV] 특고압 수전설비의 단선도이다. 이 도면을 보고 다음 각 물음에 답하시오.

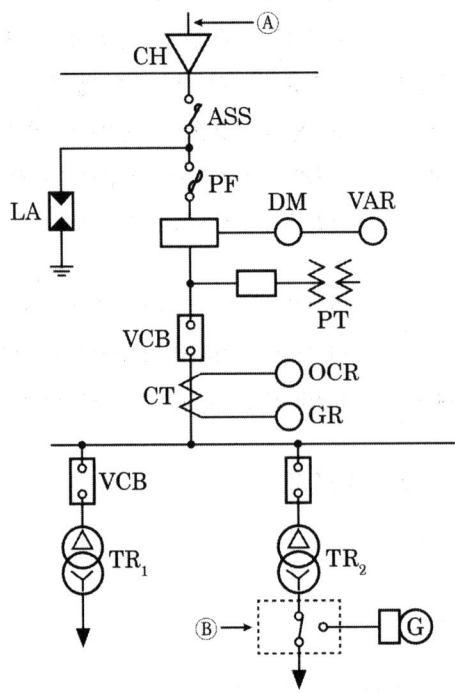

(1) 도면에 표시되어 있는 다음 약호의 명칭을 우리말로 쓰시오.

- ASS :
- VCB :
- LA :
- DM :

(2) TR$_1$ 쪽의 부하 용량의 합이 300 [kW]이고, 역률 및 효율이 각각 0.8, 수용률이 0.6이라면 TR$_1$ 변압기의 용량은 몇 [kVA]인지 계산하고 규격 용량을 선정하시오. (단, 변압기의 규격 용량 [kVA]은 100, 150, 225, 300, 500이다)

(3) ⓐ에는 어떤 종류의 케이블이 사용되는지 쓰시오.

(4) ⓑ의 명칭은 무엇인지 우리말로 쓰시오.

(5) 도면상의 변압기 결선도를 복선도로 그리시오.

$$\begin{array}{ccc} U \quad V & U \quad V & U \quad V \\ \text{\large W} & \text{\large W} & \text{\large W} \\ U' \quad V' & U' \quad V' & U' \quad V' \end{array}$$

정답

(1) 도면에 표시되어 있는 다음 약호의 명칭을 우리말로 쓰시오
   - ASS : 자동 고장 구분 개폐기
   - VCB : 진공 차단기
   - LA : 피뢰기
   - DM : 최대 수요 전력량계

(2) $TR_1 = \dfrac{300 \times 0.6}{0.8 \times 0.8} = 281.25$ [kVA]   답 300 [kVA] 선정

(3) CNCV - W 케이블(수밀형) 또는 TR CNCV - W(트리억제형)

(4) 자동 절체 개폐기(ATS)

(5)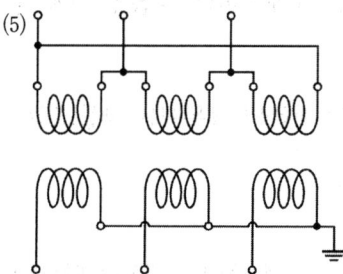

04 전기산업기사(2019년 2회)

다음은 간이 수변전설비의 단선도 일부이다. 각 물음에 답하시오.

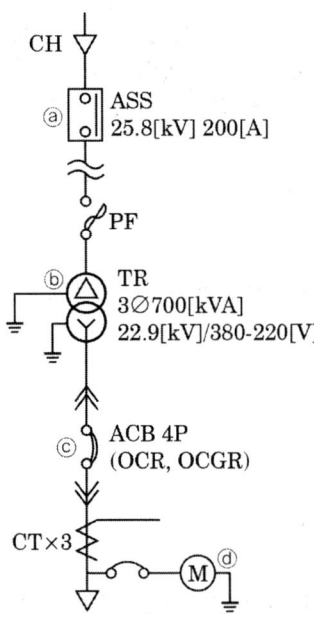

(1) 간이 수변전설비의 단선도에서 ⓐ는 인입구 개폐기인 자동고장구분 개폐기이다. 다음 ( )에 들어갈 내용을 답란에 쓰시오.

> 22.9 [kV - Y], (①) [kVA] 이하에 적용이 가능하며, 300 [kVA] 이하의 경우에는 자동고장구분 개폐기 대신에 (②)를 사용할 수 있다.

(2) 간이 수변전설비의 단선도에서 ⓑ에 설치된 변압기에 대하여 다음 ( )에 들어갈 내용을 답란에 쓰시오.

> 과전류강도는 최대 부하전류의 (①)배 전류를 (②)초 동안 흘릴 수 있어야 한다.

(3) 간이 수변전설비의 단선도에서 ⓒ는 기중 차단기(ACB)이다. 보호요소를 3가지만 쓰시오.

⑷ 간이 수변전설비의 단선도에서 ⓓ에 설치된 저압기기에 대하여 다음 (   )에 들어갈 내용을 답란에 쓰시오.

> 접지선의 굵기를 결정하기 위한 계산 조건에서 접지선에 흐르는 고장전류의 값은 전원 측 과전류 차단기 정격전류의 (①)배인 고장전류로 과전류 차단기가 최대 (②)초 이하에서 차단 완료했을 때 접지선의 허용온도는 최대 (③) [℃] 이하로 보호되어야 한다.

⑸ 간이 수변전설비의 단선도에서 변류기의 변류비를 선정하시오. (단, CT의 정격전류는 부하전류의 125 [%]로 하며, 표준규격은 1차 : 1000, 1200, 1500, 2000 [A], 2차는 5 [A]를 사용한다)

정답

⑴ ① 1000   ② INT S/W(인터럽트 스위치)

⑵ ① 25   ② 2

⑶ 결상보호, 과전류보호, 단락보호, 지락보호

⑷ ① 20   ② 0.1   ③ 160

⑸ 변류기 1차 전류 $I_1 = \dfrac{P}{\sqrt{3}\,V} \times 1.25 = \dfrac{700 \times 10^3}{\sqrt{3} \times 380} \times 1.25 = 1329.42$ [A]

∴ 변류비 $= \dfrac{I_1}{I_2} = \dfrac{1500}{5}$

답 1500/5

특고압 22.9 [kV – Y]로 수전하는 경우의 설계를 주어진 단선결선도와 같이 설계하였을 때 다음 각 물음에 답하시오.

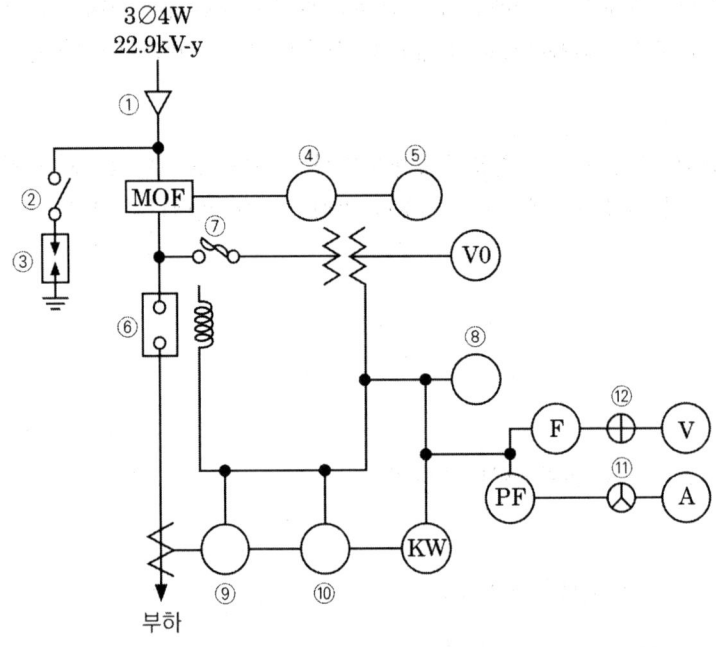

(1) ①의 용도는 무엇인지 쓰시오.

(2) ②의 명칭을 쓰고 그 용도를 설명하시오.

(3) ③의 명칭을 쓰고 그 용도를 설명하시오.

(4) ④ ~ ⑫의 명칭을 우리말로 쓰시오.

정답

(1) 가공전선과 케이블 단말(종단) 접속

(2) • 명칭 : 단로기
 • 용도 : 피뢰기를 선로에서 분리하는 경우 확실히 분리하기 위한 개폐기

(3) • 명칭 : 피뢰기
 • 용도 : 이상전압 내습 시 대지로 방전하고 속류차단

(4) ④ 최대수용전력량계 ⑤ 무효전력량계 ⑥ 차단기
 ⑦ 컷아웃스위치 또는 전력 퓨즈 ⑧ 지락 과전압 계전기 ⑨ 과전류 계전기
 ⑩ 지락 과전류 계전기 ⑪ 전류계용 전환 개폐기 ⑫ 전압계용 전환 개폐기

도면은 어느 수용가의 수전설비 결선도이다. 이 결선도를 보고 다음 각 물음에 답하시오.

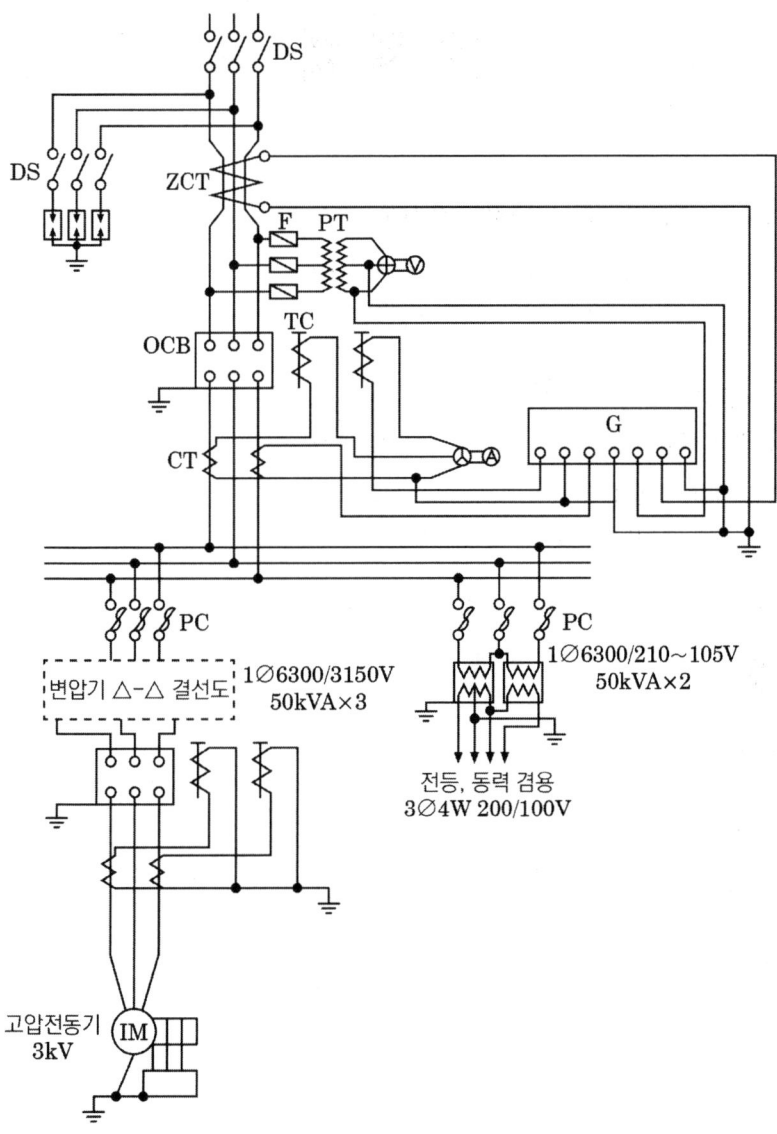

(1) ZCT의 명칭과 그 역할을 쓰시오.

(2) 도면에서 아래와 같은 그림은 무엇을 나타내는지 그 명칭을 쓰시오.

• ⊕ :   • Ⓐ :

(3) 도면에서 네모 박스 안에 들어갈 변압기의 △-△결선도를 그리시오.

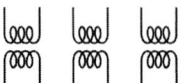

(4) 그림에서 TC는 무엇을 뜻하는지 명칭을 쓰시오.

> **정답**

(1) • 명칭 : 영상변류기
    • 역할 : 지락(영상)전류 검출
(2) • ⊕ : 전압계용 전환 개폐기
    • Ⓐ : 전류계용 전환 개폐기
(3)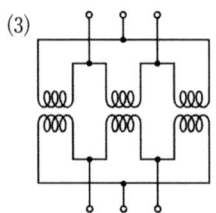

(4) 트립코일

07

그림과 같은 인입 변대에 22.9 [kV] 수전설비를 설치하여 380/220 [V]를 사용하고자 한다. 다음 각 물음에 답하시오.

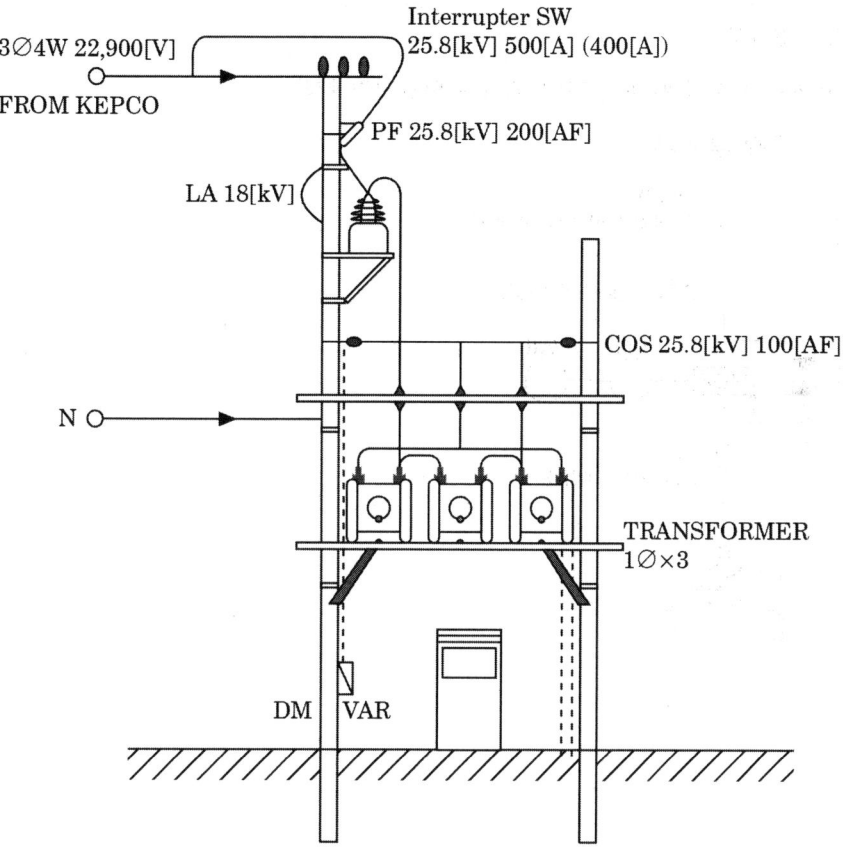

(1) DM 및 VAR의 명칭을 쓰시오.

(2) 그림에 사용된 LA의 수량은 몇 개이며, 정격전압은 몇 [kV]인지 쓰시오.

(3) 22.9 [kV - Y] 계통에 사용하는 것은 주로 어떤 케이블이 사용되는지 쓰시오.

(4) 주어진 인입 변대 그림을 단선도로 그리시오.

【정답】

(1) • DM : 최대 수요 전력량계
    • VAR : 무효 전력계

(2) • LA의 수량 : 3개
    • 정격전압 : 18 [kV]

(3) CNCV - W 케이블(수밀형) 또는 TR CNCV - W(트리억제형)

(4)

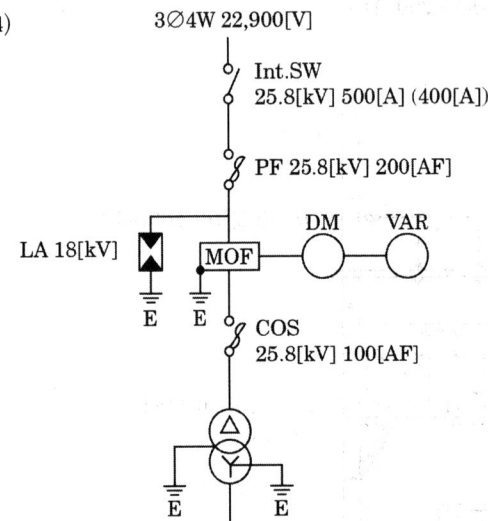

08

그림은 고압 수전설비의 단선결선도이다. 다음 각 물음에 답하시오.

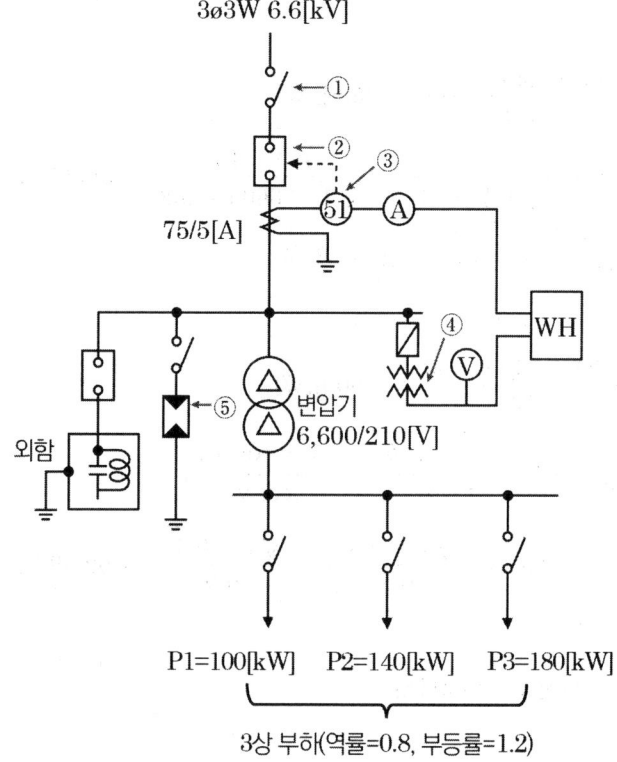

(1) 그림에서 ① ~ ⑤의 명칭을 한글로 쓰시오.

(2) 각 부하의 최대전력이 그림과 같고, 역률 0.8, 부등률 1.2일 때
   ① 변압기 1차 측의 전류계 Ⓐ에 흐르는 전류의 최댓값을 구하시오.

   ② 동일한 조건에서 합성 역률을 0.9 이상으로 유지하기 위한 전력용 콘덴서의 최소 용량[kVar]을 구하시오.

(3) 단선도상의 피뢰기 정격전압과 방전전류는 얼마인지 쓰시오.

(4) DC(방전코일)의 설치 목적을 쓰시오.

정답

(1) ① 단로기　② 차단기
　　③ 과전류 계전기　④ 계기용 변압기
　　⑤ 피뢰기

(2) ① 최대전력[kW] $= \dfrac{100+140+180}{1.2} = 350$ [kW]

　　• 변류기 1차 전류 $I_1 = \dfrac{P}{\sqrt{3}\,V\cos\theta} = \dfrac{350 \times 10^3}{\sqrt{3} \times 6600 \times 0.8} = 38.27$ [A]

　　• 전류계 $= I_1 \times \dfrac{1}{CT비} = 38.27 \times \dfrac{5}{75} = 2.55$

　　　　　　　　　　　　　　　　　　　　　　　　답 2.55 [A]

② 최대전력[kW] $= \dfrac{100+140+180}{1.2} = 350$ [kW]

　　• 콘덴서의 용량 $Q_c = P\left(\dfrac{\sqrt{1-\cos^2\theta_1}}{\cos\theta_1} - \dfrac{1-\cos^2\theta_2}{\cos\theta_2}\right)$

　　　　$350 \times \left(\dfrac{\sqrt{1-0.8^2}}{0.8} - \dfrac{\sqrt{1-0.9^2}}{0.9}\right) = 92.99$ [kVar]

　　　　　　　　　　　　　　　　　　　　　　　　답 92.99 [kVar]

(3) 정격전압 : 7.5 [kV], 방전전류 : 2500 [A]

(4) 잔류전하 방전

주어진 도면을 보고 다음 각 물음에 답하시오.

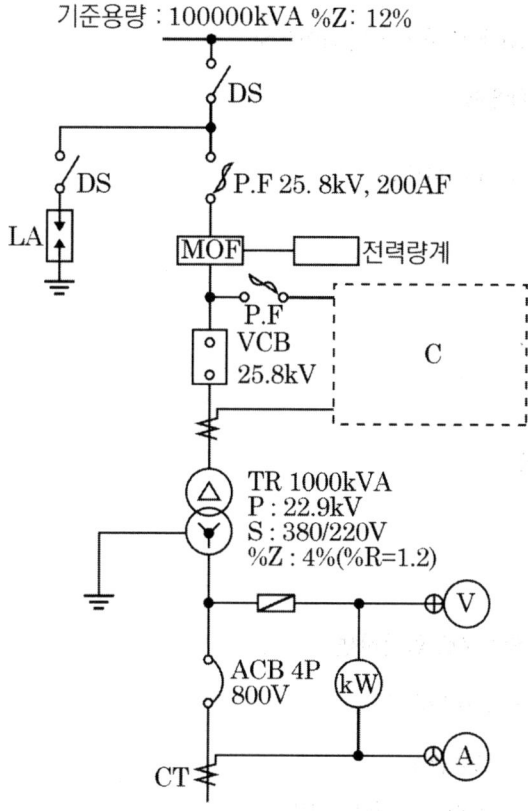

(1) LA의 명칭과 그 기능을 설명하시오.

(2) VCB의 필요한 최소 차단 용량[MVA]을 구하시오.

(3) 도면에서 C부분에 그려져야 할 것들 중 5가지만 쓰시오.

(4) ACB의 최소 차단전류[kA]를 구하시오.

(5) 최대 부하 800 [kVA], 역률 80 [%]인 경우 변압기에 의한 전압변동률[%]을 구하시오.

> 정답

(1) • 명칭 : 피뢰기
　　• 기능 : 이상전압이 내습하면 대지로 방전시키고, 속류를 차단한다.

(2) 전원 측 %Z가 100 [MVA]에 대하여 12 [%]이므로

$$P_s = \frac{100}{\%Z} \times P_n \text{ [MVA]}에서$$

$$P_s = \frac{100}{12} \times 100 = 833.33 \text{ [MVA]}$$

　　　　　　　　　　　　　　　　　답 833.33 [MVA]

(3) ① 계기용 변압기
　② 전압계용 전환 개폐기
　③ 전압계
　④ 과전류 계전기
　⑤ 전류계용 전환 개폐기
　⑥ 전류계
　⑦ 역률계
　⑧ 지락 과전류 계전기

(4) 변압기 %Z를 기준 용량의 %Z로 환산하면

$$\%Z_T = \frac{100000}{1000} \times 4 = 400 \text{ [%]}$$

합성 $\%Z = 12 + 400 = 412$ [%]

단락전류 $I_s = \frac{100}{\%Z} I_n = \frac{100}{412} \times \frac{100 \times 10^6}{\sqrt{3} \times 380} \times 10^{-3} = 36.88$ [kA]

　　　　　　　　　　　　　　　　　답 36.88 [kA]

(5) • %저항 강하 $p = 1.2 \times \frac{800}{1000} = 0.96$ [%]

　• %리액턴스 강하 $q = \sqrt{4^2 - 1.2^2} \times \frac{800}{1000} = 3.05$ [%]

　• 전압변동률 $\epsilon = p\cos\theta + q\sin\theta = 0.96 \times 0.8 + 3.05 \times 0.6 = 2.598$ [%]

　　　　　　　　　　　　　　　　　답 2.6 [%]

다음 그림은 154 [kV]를 수전하는 어느 공장의 수전설비 도면의 일부분이다. 이 도면을 보고 다음 각 질문에 답하시오.

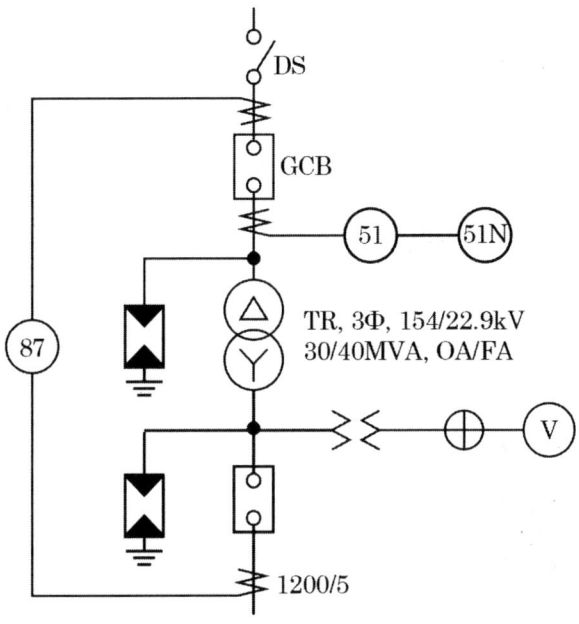

(1) 그림에서 87과 51N의 명칭을 적으시오.
- 87 :
- 51N :

(2) 154/22.9 [kV] 변압기에서 FA 용량 기준으로 154 [kV] 측의 전류와 22.9 [kV] 측의 전류는 몇 [A]인지 계산하시오.

⟨154 [kV] 측⟩

⟨22.9 [kV] 측⟩

(3) GCB에는 주로 절연재료로 어떤 가스를 사용하는지 적으시오.

(4) △ - Y 변압기의 복선도를 그려 완성하시오.

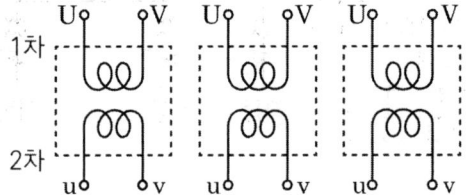

정답

(1) • 87 : 비율 차동 계전기
 • 51N : 중성점 과전류 계전기

(2) ⟨154 [kV] 측⟩

$$I = \frac{40000}{\sqrt{3} \times 154} = 149.96 \,[A]$$

답 149.96 [A]

⟨22.9 [kV] 측⟩

$$I = \frac{40000}{\sqrt{3} \times 22.9} = 1008.47 \,[A]$$

답 1008.47 [A]

(3) SF₆ (육불화황)가스

(4)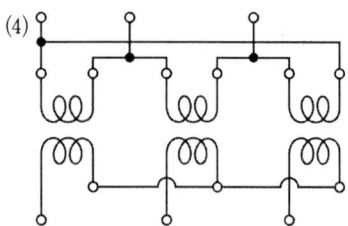

11   전기산업기사(2017년 3회)

그림은 어느 생산 공장의 수전설비의 계통도이다. 이 계통도를 보고 다음 각 질문에 답하시오. (단, 용량 및 변류비 산출 시 주어지지 않은 조건은 반영하지 않는다)

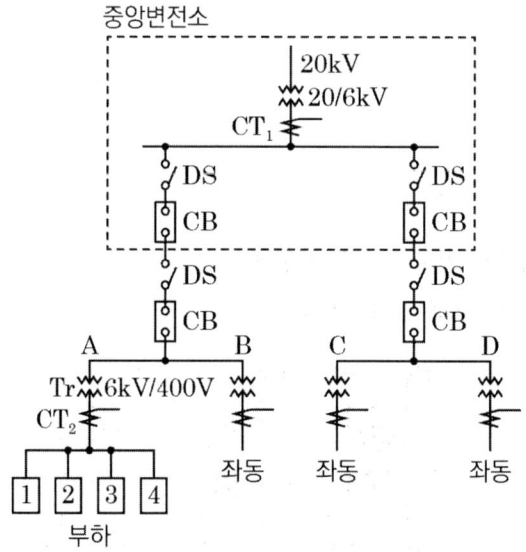

⟨뱅크의 부하 용량표⟩

Feeder	부하설비 용량[kW]	수용률[%]
1	125	80
2	125	80
3	500	70
4	600	84

⟨변류기 규격표⟩

구분	항목	변류기
변류기	정격 1차 전류[A]	5, 10, 15, 20, 30, 40, 50, 75, 100, 150, 200, 300, 400, 500, 600, 750, 1000, 1500, 2000, 2500
	정격 2차 전류[A]	5

(1) A, B, C, D 뱅크에 같은 부하가 걸려 있으며, 각 뱅크의 부등률은 1.1이고, 전부하 합성 역률은 0.8이다. 중앙변전소의 변압기 용량을 구하시오.

(2) 변류기 CT_1, CT_2의 변류비를 계산하시오. (단, 변류기 1차 전류의 예비율은 25 [%]를 반영한다)
  ① CT_1

  ② CT_2

정답

(1) A뱅크의 최대 수요전력 $= \dfrac{125 \times 0.8 + 125 \times 0.8 + 500 \times 0.7 + 600 \times 0.84}{1.1 \times 0.8}$

   $= 1197.73 \ [\text{kVA}]$

 A, B, C, D 각 뱅크 간의 부등률은 없으므로 $ST_r = 1197.73 \times 4 = 4790.92 \ [\text{kVA}]$

   답 5000 [kVA]

(2) ① CT_1

   $I_1 = \dfrac{4790.92}{\sqrt{3} \times 6} \times 1.25 = 576.26$

   답 600/5

  ② CT_2

   $I_1 = \dfrac{1197.73}{\sqrt{3} \times 0.4} \times 1.25 = 2160.97$

   답 2500/5

12

도면은 고압수전설비의 단선결선도이다. 이 도면을 보고 다음 각 물음에 답하시오. (단, 인입선은 케이블이다)

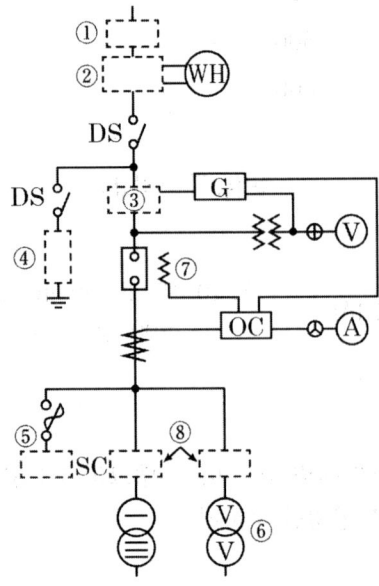

(1) ① ~ ③까지의 그림기호를 단선도로 그리고, 그림기호에 대한 우리말 명칭을 쓰시오.
(2) ④ ~ ⑥까지의 그림기호를 복선도로 그리고, 그림기호에 대한 우리말 명칭을 쓰시오.
(3) 장치 ⑦의 약호와 이것을 설치하는 목적을 쓰시오.
(4) ⑧번에 사용되는 보호장치로는 어떤 것이 가장 적당한지 쓰시오.

정답

(1)

구분	①	②	③
그림기호			
명칭	케이블헤드	전력수급용 계기용 변성기	영상변류기

(2)

구분	④	⑤	⑥
그림기호			
명칭	피뢰기	전력용 콘덴서	V - V결선

(3) • 약호 : TC   • 설치하는 목적 : 보호 계전기 신호에 의해 차단기 개로

(4) COS(컷아웃스위치)

13

다음은 특고압 계통에서 22.9 [kV-Y], 1000 [kVA] 이하를 시설하는 경우의 특고압 간이수전설비 결선도 주기사항이다. 다음 "①~⑤"의 ( )에 알맞은 내용을 답란에 적으시오.

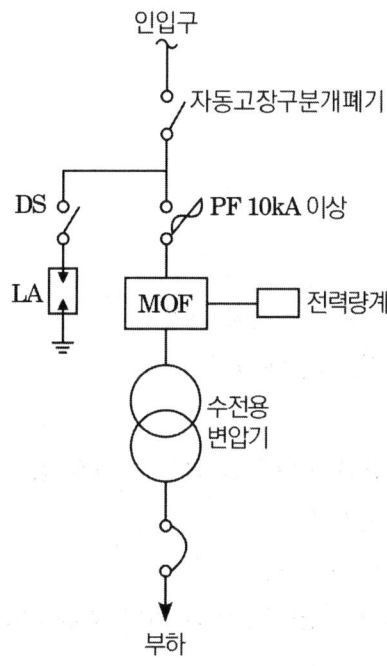

주1. LA용 DS는 생략할 수 있으며, 22.9 [kV-Y]용의 LA는 (①) (또는 Isolator) 붙임형을 사용하여야 한다.

주2. 인입선을 지중선으로 시설하는 경우로 공동주택 등 고장 시 정전 피해가 큰 경우는 예비 지중선을 포함하여 (②) 회선으로 시설하는 것이 바람직하다.

주3. 지중인입선의 경우에 22.9 [kV-Y] 계통은 CNCV-W 케이블(수밀형) 또는 TR CNCV-W (트리억제형)을 사용하여야 한다. 다만 전력구·공동구·덕트·건물구내 등 화재의 우려가 있는 장소에서는 (③) 케이블을 사용하는 것이 바람직하다.

주4. 300 [kVA] 이하의 경우는 PF 대신 (④)(비대칭 차단전류 10 [kA] 이상의 것)을 사용할 수 있다.

주5. 특고압 간이수전설비는 PF의 용단 등의 결상사고에 대한 대책이 없으므로 변압기 2차 측에 설치되는 주 차단기에는 (⑤) 등을 설치하여 결상사고에 대한 보호 능력이 있도록 함이 바람직하다.

정답

① Disconnector ② 2회선 ③ FR CNCO-W(난연) ④ COS ⑤ 결상 계전기

CHAPTER 05 전력설비

01 전력설비

1 지중전선로

(1) 지중전선로의 시설
　① 지중전선로는 전선으로 케이블을 사용
　② 종류 : 관로식, 암거식, 직접매설식
　③ 시설의 매설 깊이
　　• 차량이나 기타 중량물의 압력을 받을 우려가 있는 장소 : 1.0 [m] 이상
　　• 기타 장소 : 0.6 [m] 이상
　④ 직접매설식에 의하여 시설하는 경우
　　• 매설 깊이 : 1.0 [m] 이상(차량이나 기타 중량물의 압력을 받을 우려가 있는 장소)
　　• 기타 장소 : 0.6 [m] 이상

(2) 지중함의 시설
　① 지중함은 견고하고 차량이나 기타 중량물의 압력에 견디는 구조일 것
　② 지중함은 그 안의 고인 물을 제거할 수 있는 구조로 되어 있을 것
　③ 폭발성 또는 연소성의 가스가 침입할 우려가 있는 것에 시설하는 지중함으로서 그 크기가 1 [m³] 이상인 것에는 통풍장치나 기타 가스를 방산시키기 위한 적당한 장치를 시설
　④ 지중함의 뚜껑은 시설자 이외의 자가 쉽게 열 수 없도록 시설

(3) 지중케이블의 고장점 탐지법

고장점 탐지법	사용 용도
머레이 루프(Murray Loop)법	1선 지락, 2선 지락, 선간 단락
펄스레이더(Pulse Radar)법	단선사고, 3상 단락
정전브리지(Capacity Bridge)법	단선사고

① 머레이 루프 계산 방법

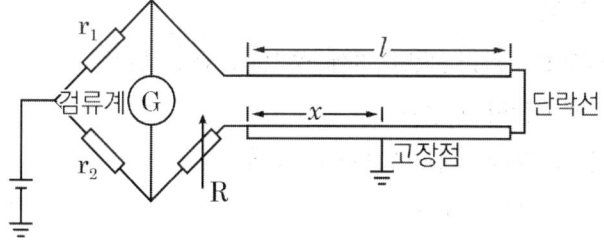

가변저항 R이 0일 때, $r_1 x = r_2(2l - x)$

R : 가변저항, l : 케이블 긍장, x : 고장점까지의 거리

② 펄스레이더법

사고케이블에 펄스전압을 인가하여, 반사되는 펄스파를 감지하여 사고점까지의 거리를 계산하는 방법

③ 정전브리지법

케이블의 두께와 재료가 같으면 정전 용량은 케이블의 길이에 비례하기 때문에, 비례관계를 이용하여 사고점을 측정하는 방법

(4) 지중전선로의 무부하 충전전류와 충전 용량

① 무부하 충전전류 $I_C = \omega C E \ell = 2\pi f C \dfrac{V}{\sqrt{3}} \ell$ [A]

② 충전 용량 $Q_C = 3EI_C = 3\omega CE^2 = 3\omega C \left(\dfrac{V}{\sqrt{3}} \right) = \omega C V^2$

C : 1선당 작용 정전 용량 E : 상전압

(5) 가공전선로와 비교한 지중전선로의 장점과 단점

① 장점
- 외부 기상 여건 등의 영향이 거의 없음
- 지하 시설로 설비 보안 유지 용이
- 설비의 단순 고도화로 보수 업무가 비교적 적음
- 차폐케이블 사용으로 유도장해 경감
- 쾌적한 도심 환경 조성
- 충전부 절연으로 안전성 확보

② 단점
- 고장점 발견 및 복구가 어려움
- 발생열의 구조적 냉각장해로 가공전선에 비해 송전 용량이 작음
- 설비 구성상 신규수용 대응 탄력성 결여
- 외상사고, 접속개소 시공 불량에 의한 영구사고 발생
- 건설 기간이 길고, 건설 비용이 고가임

2 무정전 전원장치(UPS)

(1) 블록선도 및 작동원리

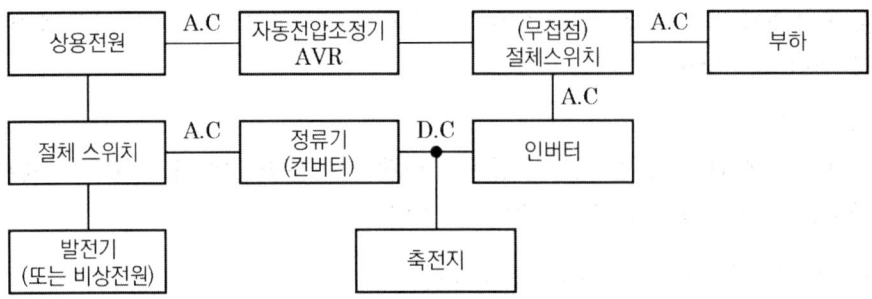

① UPS 설비는 직류 전원 장치와 사이리스터(컨버터, 인버터)를 조합한 것
② 평상시 : 교류 전원을 정류기(컨버터)로써 직류로 변환하고 인버터에 의하여 안정된 교류로 역변환하여 부하에 전력을 공급
③ 정전 시 : 축전지가 방전하여 이것을 인버터로써 교류로 역변환하여 부하에 전력을 공급

(2) UPS와 고장회로를 분리하는 방식
 ① 배선용 차단기(MCCB)에 의한 보호
 ② 속단퓨즈에 의한 보호
 ③ 반도체 차단기에 의한 보호

(3) 전력변환장치 용도
 ① 컨버터 : AC → DC
 ② 인버터 : DC → AC

(4) 축전지 용량을 구하는 공식

① UPS가 동작되려면 전력공급을 위한 축전지가 필요하다.

② $C = \dfrac{1}{L} KI$ [Ah]

C : 축전지의 용량[Ah]   L : 보수율(경년 용량 저하율)
K : 용량환산시간계수   I : 방전전류[A]

3 전력량계

(1) 구비 조건

① 부하특성이 좋을 것
② 기계적 강도가 클 것
③ 온도나 주파수 변화에 보상이 되도록 할 것
④ 과부하 내량이 클 것
⑤ 옥내 및 옥외 설치가 적당할 것

(2) 잠동현상

① 무부하 상태에서 정격 주파수, 정격전압의 110 [%]를 인가하여 계기의 원판이 1회전 이상 회전하는 현상

② 방지 대책
- 원판에 작은 구멍을 뚫는다.
- 원판에 작은 철편을 붙인다.

(3) 적산전력계의 측정값

$$\dfrac{P}{3600} = \dfrac{n}{t \cdot k} \times CT비 \times PT비$$

n : 회전수[회], t : 시간[sec], k : 계기정수[rev/kWh]

(4) 적산전력계 수전전력 계산

수전전력 = 측정 전력(전력계의 지시값) × CT비 × PT비

(5) 적산전력계 결선 방식

구분	변류기만 시설하는 경우	변압기, 변류기를 시설하는 경우
단상 2선식		
3상 3선식		
3상 4선식		

02 전력설비의 계산

1 전력의 측정

(1) 2전력계법

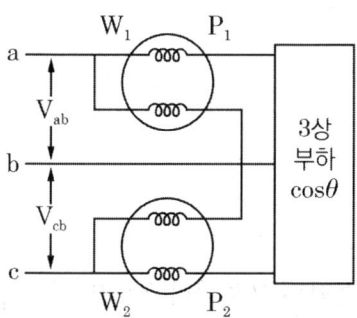

① 2개의 전력계를 이용하여 유효전력, 무효전력, 역률을 측정할 수가 있다.

② 유효전력 : $P = P_1 + P_2 \,[\mathrm{W}]$

③ 무효전력 : $P_r = \sqrt{3}\,(P_1 - P_2)\,[\mathrm{Var}]$

④ 피상전력 : $P_a = 2\sqrt{P_1^2 + P_2^2 - P_1 P_2}\,[\mathrm{VA}]$

(2) 3전압, 전류계법

구분	제3전압계법	제3전류계법
그림		
역률 $\cos\theta$	$\cos\theta = \dfrac{V_1^2 - V_2^2 - V_3^2}{2V_2 V_3}$	$\cos\theta = \dfrac{I_1^2 - I_2^2 - I_3^2}{2I_2 I_3}$
전력 P	$P = \dfrac{1}{2R}(V_1^2 - V_2^2 - V_3^2)$	$P = \dfrac{R}{2}(I_1^2 - I_2^2 - I_3^2)$

2 변압기 용량 선정

(1) 수용률 = $\dfrac{\text{설비 용량} \times \text{수용률}}{\text{부등률}} \times 100\,[\%]$

(2) 전력의 표현

① 피상전력$[VA]^2$ = 유효전력$[W]^2$ + 무효전력$[Var]^2$

② 피상전력$[VA]$ = $\dfrac{\text{유효전력}[W]}{\cos\theta}$

3 설비의 불평형률

(1) 단상 3선식

설비불평형률 = $\dfrac{\text{중성선과 각 전압 측 선간에 접속되는 부하설비 용량의 차}}{\text{총 부하설비 용량} \times \dfrac{1}{2}} \times 100\,[\%]$

(2) 3상 3선식 또는 3상 4선식

설비불평형률 = $\dfrac{\text{각 간선에 접속되는 단상 부하 총설비 용량의 최대와 최소의 차}}{\text{총 부하설비 용량} \times \dfrac{1}{3}} \times 100\,[\%]$

4 전압강하와 전선굵기

(1) 전압강하

배전 방식	전압강하	측정 기준
단상 2선식	$e = \dfrac{35.6LI}{1000A}$	선간
3상 3선식	$e = \dfrac{30.8LI}{1000A}$	선간
단상 3선식 3상 4선식	$e = \dfrac{17.8LI}{1000A}$	대지 간

(2) 전선의 굵기

배전 방식	전선의 굵기	측정 기준
단상 2선식	$A = \dfrac{35.6LI}{1000e}$	선간
3상 3선식	$A = \dfrac{30.8LI}{1000e}$	선간
단상 3선식 3상 4선식	$A = \dfrac{17.8LI}{1000e}$	대지 간

01

지중전선로를 시설할 때 다음 각 항의 매설깊이에 대하여 쓰시오.

(1) 관로식에 의하여 시설하는 경우 최소 매설 깊이

(2) 직접 매설식에 의하여 시설하는 경우 최소 매설 깊이(중량물의 압력을 받을 우려가 있는 장소)

정답

(1) 1 [m] 이상   (2) 1 [m] 이상

02

지중전선로의 지중함 설치 시 지중함의 시설기준을 3가지만 쓰시오.

정답

- 지중함은 견고하고 차량 기타 중량물의 압력에 견디는 구조일 것
- 지중함은 그 안에 고인 물을 제거할 수 있는 구조일 것
- 지중함의 뚜껑은 시설자 이외의 자가 쉽게 열 수 없도록 시설할 것

핵심이론

□ 지중함의 시설
(1) 지중함은 견고하고 차량 기타 중량물의 압력에 견디는 구조일 것
(2) 지중함은 그 안의 고인 물을 제거할 수 있는 구조로 되어 있을 것
(3) 폭발성 또는 연소성의 가스가 침입할 우려가 있는 것에 시설하는 지중함으로서 그 크기가 1 [m^3] 이상인 것에는 통풍장치 기타 가스를 방산시키기 위한 적당한 장치를 시설
(4) 지중함의 뚜껑은 시설자 이외의 자가 쉽게 열 수 없도록 시설

03 전기산업기사(2023년 1회)

소비전력이 400 [W], 무효전력이 300 [Var]일 때 역률[%]을 구하시오.

정답

■ 계산과정

$$\cos\theta = \frac{P}{\sqrt{P^2 + P_r^2}} \times 100\,[\%] = \frac{400}{\sqrt{400^2 + 300^2}} \times 100 = 80\,[\%]$$

답 80 [%]

04 전기산업기사(2015년 1회)

그림과 같은 대칭 3상 회로에서 운전되는 유도전동기에 전력계, 전압계, 전류계를 접속하고 각 계기의 지시를 측정하니 전력계 W_1 = 6.57 [kW], W_2 = 4.38 [kW], 전압계 V = 220 [V], 전류계 I = 30.41 [A]이었다. 다음 각 질문에 답하시오. (단, 전압계와 전류계는 회로에 정상적으로 연결된 상태이다)

〈회로도〉

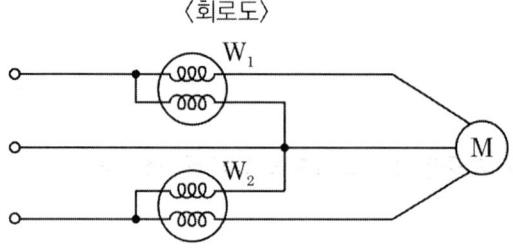

(1) 전압계와 전류계를 설치하여 전압, 전류를 측정하기 위한 적당한 위치를 회로도에 직접 그려 넣어라.

(2) 피상전력[kVA]과 유효전력[kW], 역률을 각각 계산하여라.
　① 피상전력

　② 유효전력

　③ 역률

(3) 이 유도전동기로 30 [m/min]의 속도로 물체를 권상한다면 몇 [kg]까지 가능한지 계산하여라.
　(단, 종합 효율은 85 [%]로 한다)

정답

(1)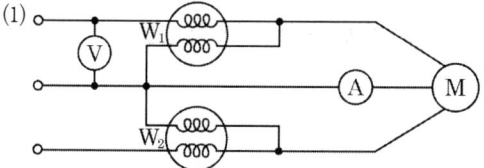

(2) ① 피상전력

$$P_a = \sqrt{3}\,VI = \sqrt{3} \times 220 \times 30.41 = 11587.77 \text{ [VA]} = 11.59 \text{ [kVA]}$$

답 11.59 [kVA]

② 유효전력 $P = W_1 + W_2 = 6.57 + 4.38 = 10.95$ [kW]

답 10.95 [kW]

③ 역률 $\cos\theta = \dfrac{P}{P_a} \times 100 = \dfrac{10.95}{11.59} \times 100 = 94.48$ [%]

답 94.48 [%]

(3) $W = \dfrac{6.12 P \eta}{V}$ [ton] $= \dfrac{6.12 \times 10.95 \times 0.85}{30} \times 1000 = 1893.73$ [kg]

답 1898.73 [kg]

> **핵심이론**
>
> □ 권상용 전동기의 출력
>
> $P = \dfrac{WV}{6.12\eta}$ [kW]
>
> W : 권상하중[ton] , V : 분당 권상높이 , η : 효율

05 전기산업기사(2018년 2회)

3상 3선식 6.6 [kV]로 수전하는 수용가의 수전점에서 100/5 [A] CT 2대와 6600/110 [V] PT 2대를 사용하여 CT 및 PT의 2차 측에서 측정한 전력이 300 [W]이었다면 수전전력은 몇 [kW]인지 구하시오.

정답

■ 계산과정

수전전력 = 측정 전력(전력계의 지시값) × CT비 × PT비

$\therefore P = 300 \times \dfrac{100}{5} \times \dfrac{6600}{110} \times 10^{-3} = 360$ [kW]

답 360 [kW]

06 전기산업기사(2014년 1회)

계기 정수가 1200 [Rec/kWh], 승률 1인 전력량계의 원판이 12회전하는 데 50초가 걸렸다. 이때 부하의 평균 전력은 몇 [kW]인지 구하시오.

정답

■ 계산과정

$$P = \frac{3600 \cdot n}{t \cdot k} \times CT비 \times PT비 = \frac{3600 \times 12}{50 \times 1200} \times 1 = 0.72 \,[\text{kW}]$$

답 0.72 [kW]

07 전기산업기사(2023년 2회)

변압기 2차 측 부하 용량과 수용률이 아래 표와 같을 때 변압기 용량은 몇 [kVA]인지 구하시오. (단, 부하 간 부등률은 1.3으로 적용한다)

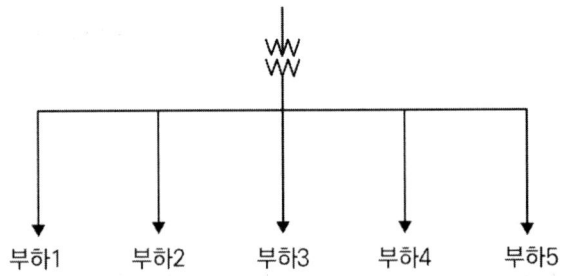

부하	1	2	3	4	5
부하 용량[kW]	3	4.5	5.5	12	17
수용률[%]	65	45	70	50	50

정답

■ 계산과정

$$합성최대 용량 = \frac{설비용량 \times 수용률}{부등률}$$

$$부등률 = \frac{(3 \times 0.65) + (4.5 \times 0.45) + (5.5 \times 0.7) + (12 \times 0.5) + 17 \times 0.5)}{1.3} = 17.17 \,[\text{kVA}]$$

답 17.17 [kVA]

> **핵심이론**
>
> □ 부등률
> ① 동시간대 변압기에서 사용하는 합성 전력과 각 시간별 최대수용전력 합의 비
> ② 부등률 = $\dfrac{\text{수용설비 각각의 최대수용전력의 합}}{\text{합성 최대수용전력}} \geq 1$
> ③ 합성최대전력 = $\dfrac{\text{설비 용량} \times \text{수용률}}{\text{부등률}}$

08 전기산업기사(2023년 2회)

분전반에서 25 [m] 떨어진 곳에 4 [kW]의 단상 2선식 200 [V] 전열기용 아웃렛을 설치하여 그 전압강하를 1 [%] 이하가 되도록 하기 위한 전선의 굵기를 선정하시오.

전선의 공칭단면적[mm²]

1.5	2.5	4	6	10	16	25	35	50

> **정답**
>
> ■ 계산과정
>
> 전선의 단면적 $A = \dfrac{35.6LI}{1000e}$ 에서 $I = \dfrac{P}{V} = \dfrac{4000}{200} = 20\,[\text{A}]$ 이므로
>
> 따라서 $A = \dfrac{35.6 \times 25 \times 20}{1000 \times 200 \times 0.01} = 8.9$
>
> 답 10 [mm²]

> **핵심이론**
>
> □ 배전 방식별 전압강하
>
> | 배전 방식 | 전압강하 | 측정 기준 |
> |---|---|---|
> | 단상 2선식 | $e = \dfrac{35.6LI}{1000A}$ | 선간 |
> | 3상 3선식 | $e = \dfrac{30.8LI}{1000A}$ | 선간 |
> | 단상 3선식
3상 4선식 | $e = \dfrac{17.8LI}{1000A}$ | 대지간 |

09

그림과 같은 단상 3선식 110/220 [V]인 부하에 전력 공급 시 설비불평형률을 구하시오.

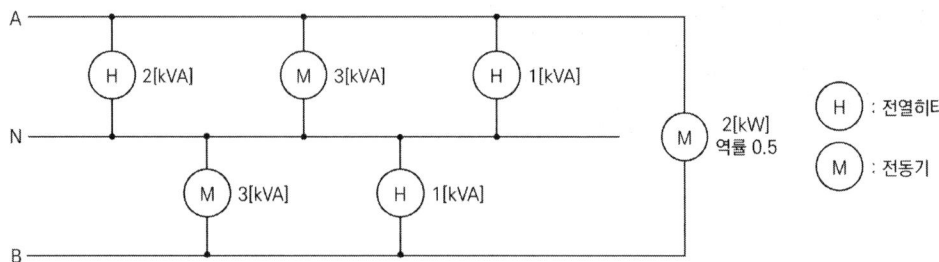

■ 계산과정

$$설비불평형률 = \frac{(2+3+1)-(3+1)}{\left(2+3+1+3+1+\dfrac{2}{0.5}\right) \times \dfrac{1}{2}} \times 100 = 28.57\,[\%]$$

답 28.57 [%]

□ 설비불평형률
 (1) 단상 3선식

$$설비불평형률 = \frac{중성선과\ 각\ 전압\ 측\ 선간에\ 접속되는\ 부하설비\ 용량의\ 차}{총\ 부하설비\ 용량 \times \dfrac{1}{2}} \times 100\,[\%]$$

 (2) 3상 3선식 또는 3상 4선식

$$설비불평형률 = \frac{각\ 간선에\ 접속되는\ 단상\ 부하\ 총\ 설비\ 용량의\ 최대와\ 최소의\ 차}{총\ 부하설비\ 용량 \times \dfrac{1}{3}} \times 100\,[\%]$$

10

정격 용량 500 [kVA]인 변압계에서 역률 70 [%]의 부하에 500 [kVA]를 공급하고 있다. 합성 역률을 85 [%]로 바꾸기 위한 전력용 콘덴서를 설치할 때 변압기의 부하는 몇 [kW]가 증가하는지 구하시오.

정답

■ 계산과정

개선 전 유효전력 $P_1 = P_a \cos\theta_1 = 500 \times 0.7 = 350\,[\mathrm{kW}]$

개선 후 유효전력 $P_2 = P_a \cos\theta_2 = 500 \times 0.85 = 425\,[\mathrm{kW}]$

따라서 증가되는 부하는 $P_2 - P_1 = 75\,[\mathrm{kW}]$

답 75 [kW]

CHAPTER 06 부하설비

01 전기기기

1 전기기기 특성요소

(1) 단락비

$$K_s = \frac{\text{무부하 시 정격전압}(V_n)\text{을 유기하는 데 필요한 } I_f}{\text{3상 단락 시 정격전류와 같은 단락전류를 흘리는 데 필요한 } I_f} = \frac{I_s}{I_n} = \frac{100}{\%Z}$$

① 터빈발전기 단락비 : 0.6 ~ 1.0
② 수차발전기 단락비 : 0.9 ~ 1.2

(2) 퍼센트 임피던스

$$\%Z = \frac{Z_s I_n}{E_n} \times 100 = \frac{100}{K_s} [\%]$$

(3) 단락비 $\left(K = \dfrac{100}{\%Z}\right)$가 크면

① 철손이 크며 효율이 낮다.
② 전압변동률, 전압강하, 전기자 반작용이 작다.
③ 안정도가 높다.
④ 선로 충전 용량이 커진다.
⑤ 동기 임피던스, $\%Z$(퍼센트 임피던스)가 작다.
⑥ 중량이 크다.
⑦ 과부하 내량이 증가한다.
⑧ 계자철심이 크고, 주 자속이 크다.

2 전기기기의 효율

(1) 전열기의 효율

$$\eta = \frac{cm(t-t_0)}{860Pt} \times 100 \, [\%]$$

c : 비열(물은 1), m : 물부피[L], t : 나중온도[℃]
t_o : 초기온도[℃], P : 출력[kW], t : 시간[h]

(2) 화력발전기의 종합효율

$$\eta = \frac{860\,Pt}{mH} \times 100\,[\%]$$

m : 연료[kg], H : 발열량[kcal/kg]
P : 출력[kW], t : 시간[h]

3 전기기기의 용량 및 출력

(1) 발전기의 용량(단순 부하인 경우)

① 단순 부하인 경우

$$P = \frac{\sum W_L \times L}{\cos\theta}\,[\text{kVA}]$$

$\sum W_L$: 부하 용량 합계[kW], L : 수용률, $\cos\theta$: 역률

② 기동 용량이 큰 전동기 부하인 경우

$$P \geq \left(\frac{1}{허용\,전압\,강하} - 1\right) \times X_d \times 기동용량\,[\text{kVA}]$$

e : 허용 전압강하 X_d : 발전기의 과도 리액턴스, P_s : 기동 용량[kVA]

(2) 펌프의 용량

$$P = \frac{9.8\,QHK}{\eta}\,[\text{kW}]$$

Q : 유량[m³/s], H : 낙차높이[m], K : 여유계수, η : 효율

(3) 수력발전기 발전기 용량

$$P = 9.8QHK\eta\,[\text{kW}]$$

η : 효율, H : 낙차높이[m], Q : 유량[m³/s]

(4) 권상용 전동기 출력

$$P = \frac{WV}{6.12\eta}\,[\text{kW}]$$

W : 권상하중[ton], V : 분당 권상속도, η : 효율

4 전동기의 속도 제어

(1) 직류전동기
① 계자 제어 ② 전압 제어 ③ 저항 제어

(2) 농형 유도전동기
① 극수 변환법 ② 주파수 변환법 ③ 1차 전압 제어법

(3) 권선형 유도전동기
① 2차 저항 제어법 ② 2차 여자법

(4) 역회전 방법
① 3상 농형 유도전동기
3선 중 2선의 접속을 바꾸어 접속한다.
② 분상 기동형 전동기
운전 권선이나 기동 권선 중 1개만을 전원에 대하여 반대로 연결한다.
③ 직류 직권 전동기
전동기를 전원에 접속한 채로 전기자전류나 계자전류 중 1개만 전류의 방향을 반대로 흐르게 한다.

5 병렬 운전 조건

(1) 변압기
① 극성이 같을 것
② 권수비, 1차와 2차의 정격전압이 같을 것
③ %임피던스 강하가 같을 것
④ 내부저항과 누설 리액턴스 비가 같을 것
⑤ 상회전 방향 및 위상 변위가 같을 것(3상인 경우)

(2) 동기발전기
① 기전력의 파형이 같을 것
② 기전력의 주파수가 같을 것
③ 기전력의 위상이 같을 것
④ 기전력의 크기가 같을 것
⑤ 상회전의 방향의 같을 것(3상인 경우)

02 조명설계

1 조명용어

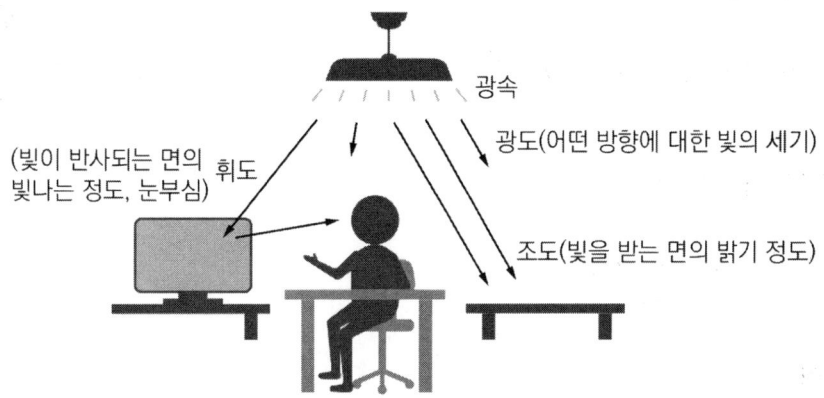

용어	기호	단위	정의
광속	F	루멘[lm]	광원으로 나오는 복사속을 눈으로 보아 빛으로 느끼는 크기를 나타낸 것
광도	I	칸델라[cd]	광원이 가지고 있는 빛의 세기
조도	E	럭스[lx]	어떤 물체에 광속이 입사하여 그 면은 밝게 빛나는 정도로 밝음을 의미함
휘도	B	스틸브[sb], 니트[nt]	단위면적당의 광도로 눈부심의 정도 (표면의 밝기)
광속 발산도	R	레드럭스[rlx]	물체의 어느 면에서 반사되어 발산하는 광속

(1) 광속

① 구 광원(백열등) $F = 4\pi I$ [lm]

② 원통 광원(형광등) $F = \pi^2 I$ [lm]

③ 면 광원 $F = \pi I$ [lm]

(2) 광도 $I = \dfrac{F}{\omega}$ [cd]

• ω : 입체각[sr]

• 원뿔의 입체각 $\omega = 2\pi(1-\cos\theta)$ [sr]

(3) 조도

① 법선 조도 $E_n = \dfrac{I}{r^2}$

② 수평면 조도 $E_h = E_n \cos\theta = \dfrac{I}{r^2}\cos\theta$

③ 수직면 조도 $E_v = E_n \sin\theta = \dfrac{I}{r^2}\sin\theta$

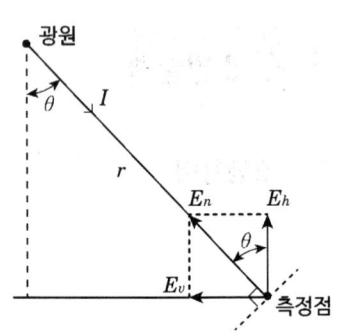

(4) 휘도 $B = \dfrac{I}{A}$ [nt]

(5) 광속 발산도 $R = \dfrac{F}{A}$ [rlx]

2 조명 방식

(1) 조명기구의 배치에 의한 분류

조명 방식	특징
전반조명	• 작업면 전반에 균등한 조도를 가지게 하는 방식 • 광원을 일정한 높이와 간격으로 배치함 • 일반적으로 사무실, 학교, 공장 등에 사용됨
국부조명	• 작업면의 필요한 장소만 고조도로 하기 위한 방식 • 그 장소에 조명기구를 밀집하여 설치 • 밝고 어둠의 차이가 커 눈부심과 눈의 피로가 발생
전반국부조명	• 전반조명과 국부조명의 장점만 채용한 방식 • 병원 수술실, 공부방, 기계공작실 등에 사용

(2) 조명기구의 배광에 의한 분류

조명 방식	직접	반직접	전반확산	반간접	간접
상향 광속[%]	0 ~ 10	10 ~ 40	40 ~ 60	60 ~ 90	90 ~ 100
조명 기구					
하향 광속[%]	100 ~ 90	90 ~ 60	60 ~ 40	40 ~ 10	10 ~ 0

3 건축화 조명

(1) 천장 매입 방식

| 광량조명 | 코퍼조명 | 다운라이트조명 |

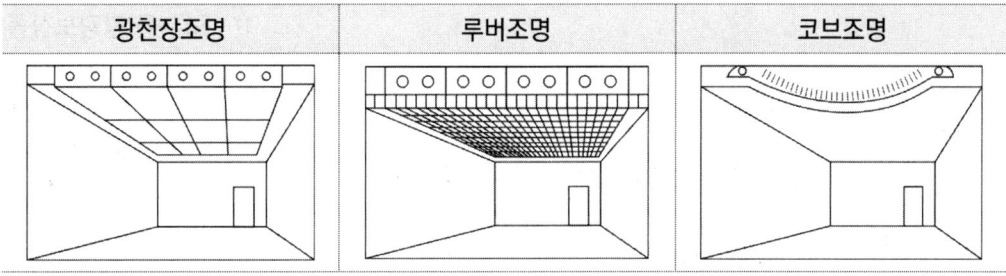

(2) 천장면 광원 방식

| 광천장조명 | 루버조명 | 코브조명 |

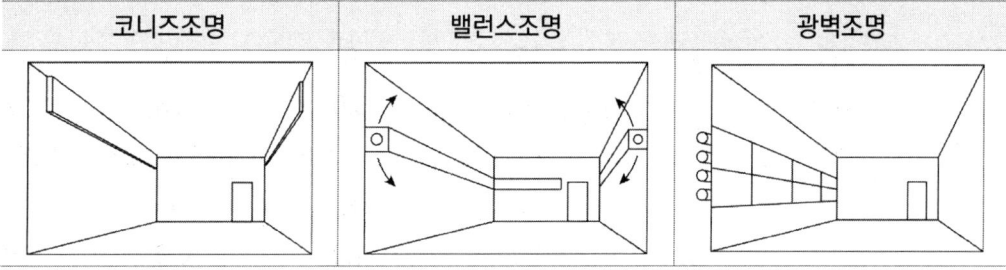

(3) 벽면 광원 방식

| 코니즈조명 | 밸런스조명 | 광벽조명 |

4 조명의 계산

(1) 실내조명의 배치

① 등의 높이(H)

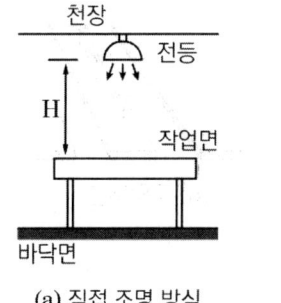
(a) 직접 조명 방식

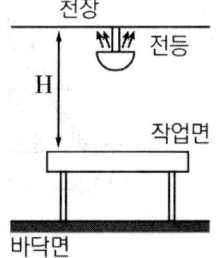
(b) 간접 조명 방식

② 등기구와 등기구의 간격 $S \leq 1.5H$ (H : 작업면에서 광원까지의 높이)

③ 벽과 광원 사이의 간격(S)
- $S \leq \dfrac{H}{2}$ (벽면을 사용하지 않을 경우)
- $S \leq \dfrac{H}{3}$ (벽면을 사용할 경우)

(2) 조명의 관계식

$FUN = EAD$

U : 조명률, N : 소요 등수, F : 1등당 광속
E : 평균조도, A : 실내의 면적, D : 감광보상률
M : 보수율(감광보상률의 역수)

(3) 실지수의 결정

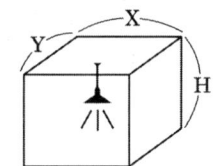

① 실지수는 실의 크기 및 형태를 나타내는 척도

② 실지수 = $\dfrac{X \cdot Y}{H(X+Y)}$

X : 방의 가로 길이, Y : 방의 세로 길이, H : 작업면에서 등까지의 높이

③ 실지수 기호

기호	A	B	C	D	E
실지수	5.0	4.0	3.0	2.5	2.0
범위	4.5 이상	4.5 ~ 3.5	3.5 ~ 2.75	2.75 ~ 2.25	2.25 ~ 1.75
기호	F	G	H	I	J
실지수	1.5	1.25	1.0	0.8	0.6
범위	1.75 ~ 1.38	1.38 ~ 1.12	1.12 ~ 0.9	0.9 ~ 0.7	0.7 이하

5 도로조명의 배치

(1) 도로조명의 종류

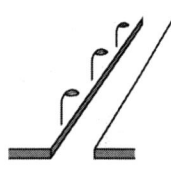 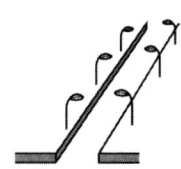 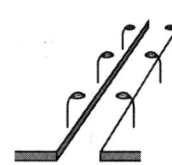 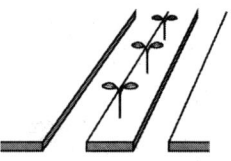

(a) 한쪽배열　　(b) 지그재그배열　　(c) 마주보기배열　　(d) 중앙배열

(2) 등기구 1개당 도로를 비추는 면적

① $A = \dfrac{ab}{2}$ [m²](마주보기배열, 지그재그배열)

② $A = ab$ [m²](한쪽배열, 중앙배열) a : 도로의 폭, b : 등 간격

6 조명의 배선

(1) 1로 스위치

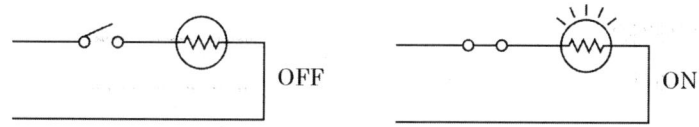

(2) 3로 스위치

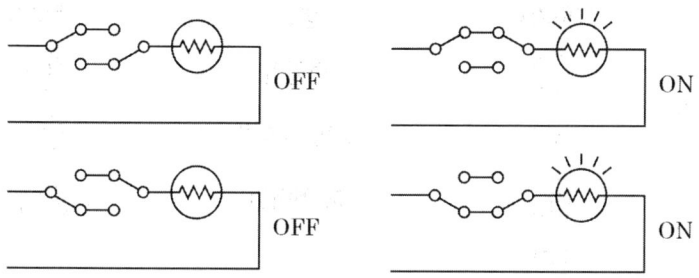

(3) 3, 4로 스위치

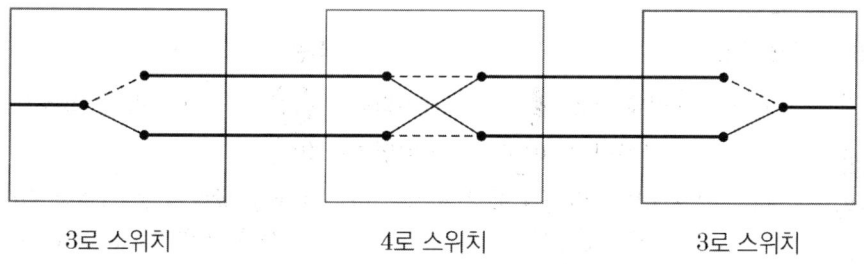

(4) 단극, 2극, 3극 스위치

구분	단극	2극	3극
설명	일반적인 스위치 회로	가정에서 사용하는 단상(+,-), 전선이 2가닥인 회로	공업용으로 사용하는 3상(L_1, L_2, L_3), 전선이 3가닥인 회로
기호	●	●2p	●3p
회로	─o˚o─	(2극 스위치 기호)	(3극 스위치 기호)

03 도면

1 도면 심벌

(1) 배선

명칭	그림기호
천장 은폐배선	———————
바닥 은폐배선	— — —
노출 배선	- - - - -

(2) 기기

명칭	그림기호	명칭	그림기호
전동기	Ⓜ	전열기	Ⓗ
발전기	Ⓖ	소형 변압기	Ⓣ
콘덴서	⊥⊤	룸 에어컨	RC
환풍기	∞		

(3) 전등

명칭	그림기호	적용

백열등
HID 등
	○	• 벽붙이용 ◐ • 옥외등 ⊗ • 실링, 직접부착 CL
		• 샹들리에 CH • 매입기구 DL
		• HID등의 종류를 표시하는 경우는 용량 앞에 다음 기호를 붙인다.
		  - 수은등 : H - 메탈 헬라이드등 : M
		  - 나트륨등 : N

형광등	⊏○⊐	• 용량을 표시하는 경우는 램프의 크기 × 램프 수로 표시한다. 또 용량 앞에 F를 붙인다.
		  - F40 - F40 × 2
		• 용량 외에 기구수를 표시하는 경우는 램프의 크기 × 램프 수 - 기구 수로 표시한다.
		  - F40 - 2 - F40 × 2 - 3

비상용 조명	백열등 ● / 형광등 ▬○▬	유도등	백열등 ⊗ / 형광등 ⊏⊗⊐

(4) 콘센트

명칭	그림기호	적용		
콘센트	⊙	콘센트 기본 기호		
	⊙	천장에 부착하는 경우		
	⊙	바닥에 부착하는 경우		
	 ⊙20A	용량의 표시 방법 • 15 [A]는 표기하지 않는다. • 20 [A] 이상은 암페어 수를 표기한다.		
	 ⊙2	2구 이상인 경우는 구 수를 표시한다.		
	 ⊙3P	3극 이상인 경우는 극 수를 표시한다.		
	 ⊙LK	빠짐 방지형	 ⊙EL	누전 차단기붙이
	 ⊙T	걸림형	 ⊙WP	방수형
	 ⊙E	접지극붙이	 ⊙EX	방폭형
	 ⊙ET	접지단자붙이	 ⊙H	의료용
비상콘센트	⊙⊙		점멸기	●

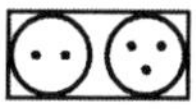

(5) 배전반, 분전반

명칭	그림기호
배전반	 ⊠
분전반	 ◤
제어반	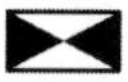 ▶◀
재해 방지 전원 회로용 배전반	 ⊠
재해 방지 전원 회로용 분전반	 ◤

CHAPTER 06 연습문제

01 전기산업기사(2018년 1회)

1시간당 5000 [m³]의 물을 15 [m]의 양정으로 양수하기 위한 전동기의 소요출력[kW]을 구하시오. (단, 펌프의 효율은 55 [%], 여유계수는 1.1이다)

정답

■ 계산과정

$$P = \frac{9.8\,QHK}{\eta} = \frac{9.8 \times \frac{5000}{3600} \times 15 \times 1.1}{0.55} = 408.33\,[\text{kW}]$$

답 408.33 [kW]

> **핵심이론**
>
> □ 발전기 용량
> (1) 수력발전기 용량 $P_a = 9.8\,QHK\eta\,[\text{kW}]$
> (2) 펌프 용량 $P = \dfrac{9.8\,QHK}{\eta}\,[\text{kW}]$
>
> Q : 유량[m³/s], H : 낙차 높이 [m], K : 여유계수, η : 효율

02 전기산업기사(2023년 2회)

어느 공장에서 천장크레인의 권상용 전동기에 의하여 하중 60 [ton]을 권상속도 3 [m/min]으로 권상하려고 한다. 이때 권상용 전동기의 소요출력은 몇 [kW]인지 구하시오. (단, 권상기의 기계효율은 80 [%] 이다)

정답

■ 계산과정

$$P = \frac{WV}{6.12\eta} = \frac{60 \times 3}{6.12 \times 0.8} = 36.76 \,[\text{kW}]$$

답 36.76 [kW]

핵심이론

□ 권상용 전동기의 출력

$$P = \frac{WV}{6.12\eta} \,[\text{kW}]$$

W : 권상하중[ton], V : 분당 권상높이, η : 효율

03 　　　　　　　　　　　　　　　　　　　　　　　전기산업기사(2021년 1회)

15 [L]의 물을 5 [℃]에서 60 [℃]로 가열하는 데 1시간이 소요되었다. 이때 사용한 전열기의 용량은 몇 [kW]인지 구하시오. (단, 전열기의 효율은 76 [%]이다)

정답

■ 계산과정

$$\eta = \frac{Cm(\theta - \theta_0)}{860Pt} \times 100 \,[\%]$$

$$P = \frac{Cm(\theta - \theta_0)}{860\eta t} \times 100 = \frac{1 \times 15 \times (60-5)}{860 \times 76 \times 1} \times 100 = 1.262 \,[\text{kW}]$$

답 1.262 [kW]

핵심이론

□ 전열기의 효율

$$\eta = \frac{cm(t - t_0)}{860Pt} \times 100 \,[\%]$$

c : 비열(물은 1), m : 물 부피[L], t : 나중온도[℃]
t_o : 초기온도[℃], P : 출력[kW], t : 시간[h]

04　전기산업기사(2016년 1회)

10 [kW] 전동기를 사용하여 지상 5 [m], 용량 500 [m³]의 저수조에 물을 가득 채우려면 시간은 몇 분이 소요되는지 구하시오. (단, 펌프의 효율은 70 [%], 여유계수 K = 1.2이다)

정답

■ 계산과정

펌프용 전동기 용량 $P = \dfrac{9.8QHK}{\eta}$ [kW]

$10 \text{ [kW]} = \dfrac{9.8 \times \dfrac{500}{60t} \times 5 \times 1.2}{0.7}$

$t = \dfrac{9.8 \times 500 \times 5 \times 1.2}{60 \times 0.7 \times 10} = 70$ [분]

답 70 [분]

핵심이론

▫ 발전기 용량
 (1) 수력발전기 용량 $P_a = 9.8QHK\eta$ [kW]
 (2) 펌프 용량 $P = \dfrac{9.8\,QHK}{\eta}$ [kW]

　　　　　Q : 유량[m³/s],　H : 낙차 높이[m],　K : 여유계수,　η : 효율

05　전기산업기사(2017년 3회)

매분 12 [m³]의 물을 높이 15 [m]인 탱크에 양수하는 데 필요한 전력을 V결선한 변압기로 공급한다면, 여기서 필요한 단상 변압기 1대의 용량은 몇 [kVA]인지 구하시오. (단, 펌프와 전동기의 합성 효율은 65 [%]이고, 전동기의 전부하 역률은 80 [%]이며, 펌프의 축동력은 15 [%]의 여유를 준다)

정답

■ 계산과정

$$P = \frac{QHK}{6.12\eta} = \frac{12 \times 15 \times 1.15}{6.12 \times 0.65} = 52.04 \text{ [kW]}$$

[kVA]로 환산하면

- 부하 용량 $= \dfrac{52.04}{0.8} = 65.05$ [kVA]

- V결선 시 용량 $P_V = \sqrt{3}\,P_1$

- 단상 변압기 1대의 용량 $P_1 = \dfrac{P_V}{\sqrt{3}} = \dfrac{65.05}{\sqrt{3}} = 37.55$ [kVA]

답 37.55 [kVA]

06   전기산업기사(2015년 2회)

농형 유도전동기의 일반적인 속도 제어 방법 3가지를 쓰시오.

정답

- 주파수 변환법
- 극수 변환법
- 전압 제어법

07   전기산업기사(2020년 1회)

단상 유도 전동기의 기동법을 3가지만 적으시오.

정답

- 반발 기동형
- 콘덴서 기동형
- 분상 기동형

> 핵심이론

□ 단상 유도 전동기의 기동법
- 반발 기동형 : 직류 전동기와 같이 정류자와 브러시를 이용하여 기동한다.
- 콘덴서 기동형 : 보조권선에 직렬로 콘덴서 접속해서 분상한다.
- 분상 기동형 : 주권선과 90° 위치에 보조권선(기동권선)을 두고, 두 권선 위상차에 의해 기동 토크가 발생한다.
- 셰이딩 코일형 : 구조가 간단하고 기동토크가 매우 작다.

08 전기산업기사(2019년 2회)

다음 전동기의 회전방향 변경 방법에 대해 설명하시오.

(1) 3상 농형 유도전동기
(2) 분상 기동형 단상 유도전동기
(3) 직류 직권전동기

> 정답

(1) 3상 농형 유도전동기 : 3선 중 2선의 접속을 변경
(2) 단상 유도전동기(분상 기동형) : 주권선과 보조권선 중 어느 한 개를 전원에 대해 반대로 연결
(3) 직류 직권전동기 : 전기자 권선이나 계자권선의 중 하나의 전류의 방향을 반대로 한다.

09 전기산업기사(2018년 1회)

50 [Hz]로 설계된 3상 유도전동기를 동일전압으로 60 [Hz]에 사용할 경우 다음 항목이 어떻게 변화하는시를 수지로 제시하여 쓰시오.

(1) 무부하전류
(2) 온도 상승
(3) 속도

> 정답

(1) 5/6로 감소   (2) 5/6로 감소   (3) 6/5로 증가

10 전기산업기사(2014년 1회)

기존 광원에 비해 LED 램프의 특성 5가지를 나열하시오.

정답

- 소형화·슬림화가 가능
- 고속 응답
- 고효율, 저전력
- 긴 수명, 친환경성
- 풍부한 색 재현성

11 전기산업기사(2016년 3회)

조명설비의 광원으로 활용되는 할로겐램프의 장점(3가지)과 용도(2가지)를 각각 쓰시오.

정답

- 장점 ① 백열전구에 비해 소형이다.
  ② 수명이 길다.
  ③ 배광 제어가 용이하다.
- 용도 ① 옥외의 투광조명
  ② 고천장조명

12 전기산업기사(2021년 2회)

FL – 40D 형광등의 전압이 100 [V], 전류가 0.35 [A], 안정기의 손실이 5 [W]일 때 역률은 몇 [%]인지 구하시오.

정답

■ 계산과정

FL – 40D : 40 [W] 형광등

- 형광 램프의 소비전력 $P = 40 + 5 = 45$ [W]
- 역률 $\cos\theta = \dfrac{P}{VI} \times 100 = \dfrac{45}{100 \times 0.35} \times 100 = 81.82\,[\%]$

답 81.82 [%]

13

조명에서 사용되는 용어 중 광속, 조도, 광도의 정의를 설명하시오.

정답

- 광속 : 광원으로부터 나오는 방사속을 눈으로 보아 빛으로 느끼는 크기를 나타낸 것
- 조도 : 어떤 면의 단위면적당 입사광속에 대하여 그 면이 밝게 빛나게 되는 정도
- 광도 : 광원에서 어떤 방향에 대한 단위입체각으로 발산되는 빛의 세기

핵심이론

□ 조명의 용어

용어	기호	단위	정의
광속	F	루멘[lm]	광원으로 나오는 복사속을 눈으로 보아 빛으로 느끼는 크기를 나타낸 것
광도	I	칸델라[cd]	어느 임의의 방향인 단위입체각에 포함되는 광수
조도	E	럭스[lx]	어떤 물체에 광속이 입사하면 그 면이 밝게 빛나게 되는 정도
휘도	B	스틸브[sb]	단위면적당의 광도로 눈부심의 정도(표면의 밝기)
광속 발산도	R	레드럭스[rlx]	어떤 면의 단위면적으로부터 발산되는 광속

14

다음 ( )에 알맞은 내용을 쓰시오.

임의의 면에서 한 점의 조도는 광원의 광도 및 입사각 θ의 코사인에 비례하고 거리의 제곱에 반비례한다. 이와 같이 입사각의 코사인에 비례하는 것은 Lambert의 코사인법칙이라 한다. 또 광선과 피조면의 위치에 따라 조도를 (   ) 조도, (   ) 조도, (   ) 조도 등으로 분류할 수 있다.

정답

법선, 수평면, 수직면

15

모든 방향으로 발산하는 광도 400 [cd]인 광원이 지름 4 [m]인 책상의 중심에서 높이 2 [m]에 위치하고 있을 때 책상 끝에서의 수평면 조도는 몇 [lx]인지 구하시오.

정답

■ 계산과정

수평면조도 $E_h = \dfrac{I}{r^2}\cos\theta$에서

광원에서 책상 끝까지의 거리 $r = 2\sqrt{2}$,

광도 $I = 400$, $\cos\theta = \dfrac{2}{2\sqrt{2}}$

$\therefore E_h = \dfrac{I}{r^2}\cos\theta = \dfrac{400}{(2\sqrt{2})^2} \times \dfrac{2}{2\sqrt{2}} = 35.36\,[\text{lx}]$

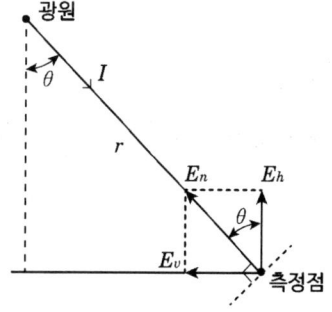

답 35.36 [lx]

16

건축물의 천장이나 벽 등을 조명기구 겸용으로 마무리하는 건축화 조명이 최근 많이 시공되고 있다. 옥내조명설비(KDS 31 70 10 : 2019)에 따른 건축화 조명의 종류를 4가지만 적으시오.

정답

코퍼조명, 다운라이트조명, 핀홀라이트, 광량조명

> **핵심이론**
>
> □ 조명 방식 분류
> (1) 조명기구의 배광에 의한 분류
> 직접조명, 반직접조명, 전반확산조명, 반간접조명, 간접조명
> (2) 조명기구 배치에 의한 분류
> 전반조명, 국부조명, 전반·국부 병용 조명
> (3) 건축화 조명
> 코퍼조명, 다운라이트조명, 핀홀라이트, 광량조명, 광천장조명, 코니스조명, 루버조명, 밸런스조명, 코브조명, 코너조명

17 전기산업기사(2020년 1회)

조명기구 배치에 따른 조명 방식을 3가지만 적으시오.

정답

- 전반조명
- 국부조명
- 전반·국부 병용조명

18 전기산업기사(2018년 3회)

바닥 면적 200 [m^2]의 교실에 전광속 2500 [lm]의 40 [W] 형광등을 시설하여 평균조도를 150 [lx]로 하려면 설치하여야 하는 전등 수는 몇 개인지 구하시오. (단, 조명률 50 [%], 감광보상률 1.25로 한다)

정답

■ 계산과정

$$N = \frac{EAD}{FU} = \frac{150 \times 200 \times 1.25}{2500 \times 0.5} = 30$$

답 30 [등]

19

옥내배선용 그림 기호에 대한 다음 각 질문에 답하시오.

(1) 콘센트의 그림 기호 ⓑ은 어떤 경우에 사용되는지 적으시오.

(2) 점멸기의 그림 기호 ●2P, ●3는 각각 어떤 의미인지 적으시오.
  ① ●2P :   ② ●3 :

(3) 배선용 차단기, 누전 차단기의 그림 기호를 그리시오.
  • 배선용 차단기 :   • 누전 차단기 :

(4) HID등으로서 M400, N400의 의미를 적으시오.
  • M400 :   • N400 :

정답

(1) 벽붙이용

(2) ① 2극 스위치   ② 3로 스위치

(3) • 배선용 차단기 : ⃞B   • 누전 차단기 : ⃞E

(4) • M400 : 400 [W] 메탈 할라이트등   • N400 : 400 [W] 나트륨등

CHAPTER 07 시퀀스

01 논리소자

(1) 릴레이 시퀀스(유접점 회로)

주위의 온도나 서지전압에 대한 내력은 좋지만 소비전력이 크고 동작속도가 느리며, 진동 및 충격에 약하며 고장이 많다.

(2) 무접점 시퀀스(무접점 회로)

제어회로에 사용되는 소자는 동작속도가 빠르고 정밀하며 수명이 길다. 진동과 충격에 강하며 소형화가 가능하다, 주위온도에 민감하고 서지 전압 발생 시 오작동 우려가 있고 동작확인이 어렵다.

(3) PLC 시퀀스

반도체를 사용하며 손쉽게 프로그램을 바꿀 수 있으며 공정단축 및 제어반의 소형화 등이 가능하다

02 시퀀스 기본 표시

1 전자접촉기(MC)

(1) 대용량의 회로를 제어하기 위해 과전류를 빈번하게 개폐할 목적으로 사용하는 계전기

(2) 순시동작 순시복귀 동작

a접점	b접점

2 타이머(일정 시간 후 동작)

(1) 한시동작 순시복귀 동작

a접점	b접점

(2) 순시동작 한시복귀 동작

a접점	b접점

3 열동 계전기

(1) 과부하 계전기라고도 하며, 전동기의 과부하가 발생하여 회로에 과전류가 흐르면 바이메탈접점이 자동 동작하여 전동기가 운전을 정지한다.

(2) 자동동작 수동복귀 동작

a접점	b접점

4 누름단추 스위치(PBS, 푸시버튼)

a접점	b접점

5 리미트 스위치

a접점	b접점

03 논리식

1 NOT 회로

구분	NOT 회로
기호	$\overline{A}$
무접점 회로	A —▷o— X A —⊐o— X
유접점 회로	(b접점 기호)
진리표	A | X 0 | 1 0 | 1 1 | 0 1 | 0

2 AND, OR 회로

구분	AND	OR
기호	$A \cdot B$	$A + B$
무접점 회로	A, B → Y (AND 게이트)	A, B → Y (OR 게이트)
유접점 회로	A, B 직렬 접점, X 램프	A, B 병렬 접점, X 램프
진리표	A | B | X 0 | 0 | 0 0 | 1 | 0 1 | 0 | 0 1 | 1 | 1	A | B | X 0 | 0 | 0 0 | 1 | 1 1 | 0 | 1 1 | 1 | 1

구분	AND	OR
타임차트	A / B / X	A / B / X

3 NAND, NOR 회로

구분	NAND	NOR
기호	$\overline{A \cdot B}$	$\overline{A + B}$
무접점 회로		
유접점 회로		
진리표	A B X 0 0 1 0 1 1 1 0 1 1 1 0	A B X 0 0 1 0 1 0 1 0 0 1 1 0
타임차트	A / B / X	A / B / X

4 XOR 회로

구분	XOR
기호	$A \oplus B = A \cdot \overline{B} + \overline{A} \cdot B$
무접점 회로	
유접점 회로	
진리표	A B X 0 0 0 0 1 1 1 0 1 1 1 0
타임차트	

5 부울대수의 기본법칙

$A + 0 = A$	$A + 1 = 1$	$A \cdot 0 = 0$	$A \cdot 1 = A$
$A + \overline{A} = 1$	$A \cdot \overline{A} = 0$	$A + A = A$	$A \cdot A = A$
$A + B = B + A$	$A \cdot B = B \cdot A$	\multicolumn{2}{c}{$\overline{\overline{A}} = A$}
\multicolumn{2}{c}{$A(B \cdot C) = (A \cdot B)C$}	\multicolumn{2}{c}{$A + (B + C) = (A + B) + C$}
\multicolumn{2}{c}{$\overline{A + B} = \overline{A} \cdot \overline{B}$}	\multicolumn{2}{c}{$\overline{A \cdot B} = \overline{A} + \overline{B}$}
\multicolumn{2}{c}{$A(B + C) = AB + AC$}	\multicolumn{2}{c}{$A + BC = (A + B) \cdot (A + C)$}
\multicolumn{2}{c}{$A + A \cdot B = A$}	\multicolumn{2}{c}{$A \cdot (A + B) = A$}

6 인터록 회로

(1) 선행동작 우선회로 또는 상대동작 금지회로라고도 불리며, 한 대의 모터가 운전 시 정지된 다른 모터는 운전할 수 없도록 제어하는 회로

(2) 인터록 회로 개념도

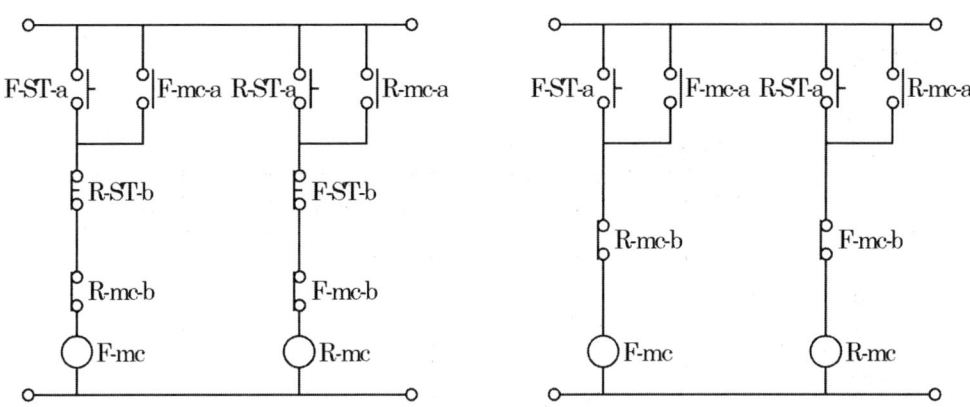

F - ST - a를 누르면 F - mc - a가 자기유지되며, F - mc - b로 인해 R - ST - a를 눌러 작동시키더라도 R회로는 작동하지 않는다.

04 전동기 기동 회로

1 유도전동기 와이델타 기동회로

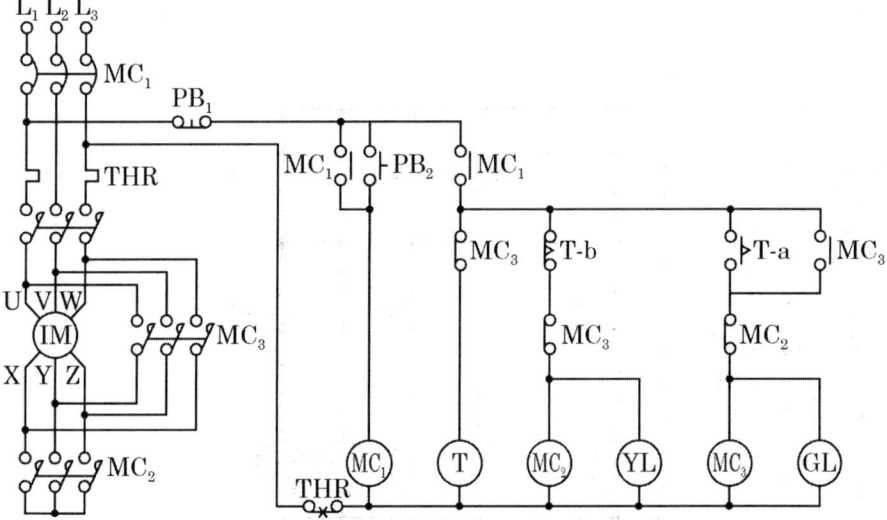

(1) 기동 시 고정자 권선을 Y로 접속한 후 운전속도에 도달하면 △결선으로 운전하는 방식

(2) 5 ~ 15 [kW] 정도의 농형 유도전동기 운전

(3) Y기동 시 △기동 시에 비해

- 기동전류 $\frac{1}{3}$ 배
- 기동토크 $\frac{1}{3}$ 배
- 정격전압 $\frac{1}{\sqrt{3}}$ 배

2 유도전동기 리액터 기동회로

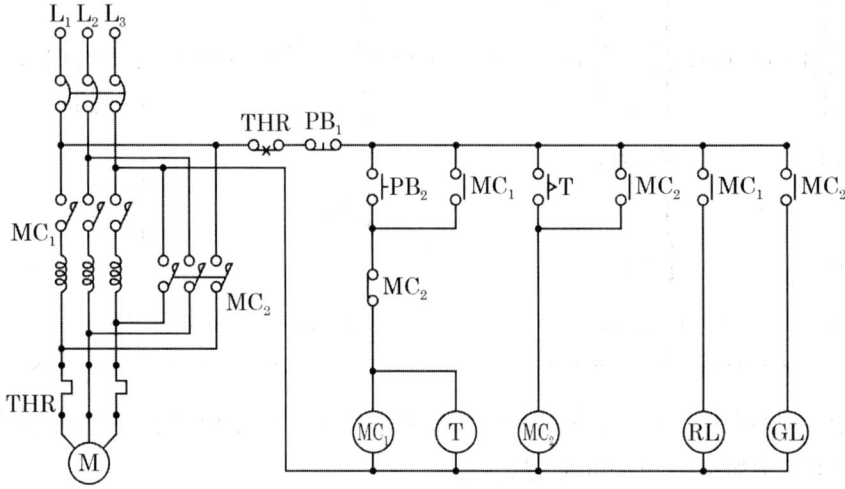

전동기의 1차 측에 직렬로 철심이 든 리액터를 설치하고 그 리액턴스값을 조정하여 인가되는 전압을 제어함으로써 기동전류 및 토크를 제어하는 방식

3 유도전동기 기동보상기법

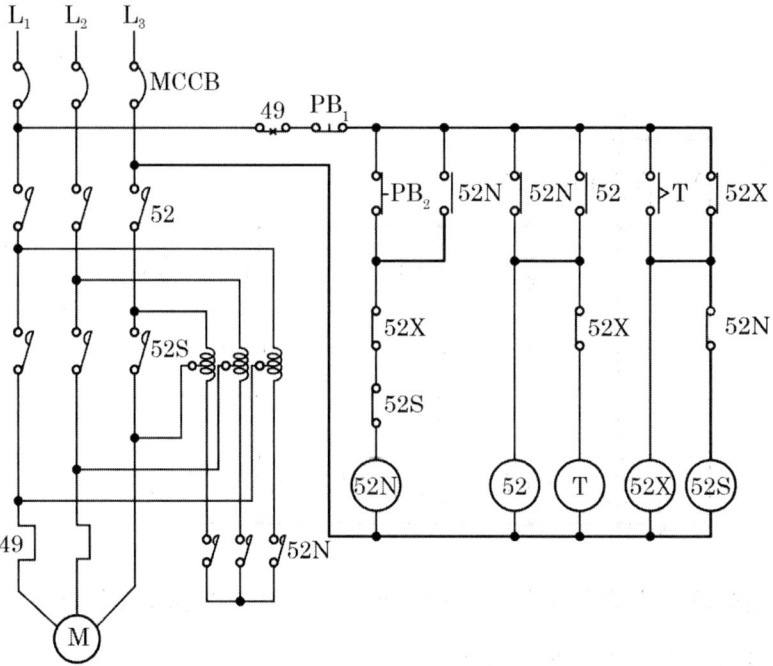

(1) 기동 시 공급전압을 단권변압기에 의해서 일시 강하시켜서 기동전류를 제한하는 기동 방법으로 기동전류를 줄여 기동 후 전압을 점차로 높여 전운전하는 방법

(2) 15 [kW] 이상의 농형 유도 전동기에 사용

4 유도전동기 정역 기동회로

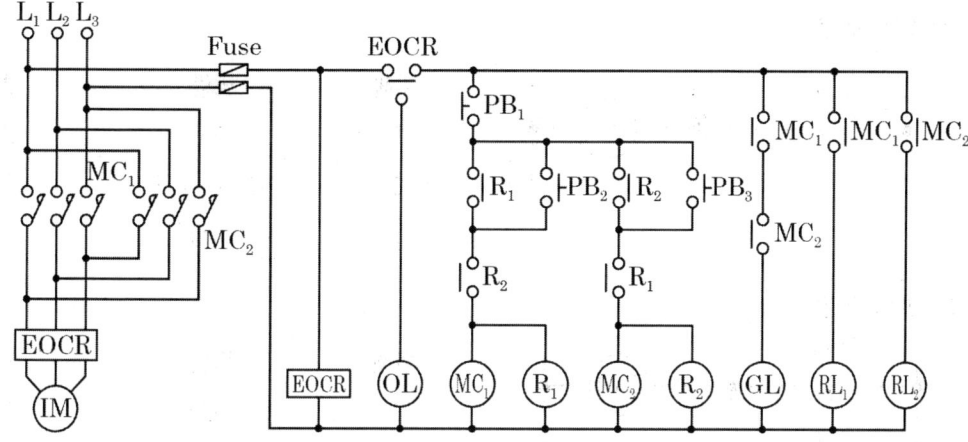

유도전동기는 3상 중 2개의 상을 바꾸면 역회전하는데, 회전자계를 바꾸기 위해 구성된 기동회로

05 PLC제어

1 심벌

명칭	심벌	접점의 명칭 및 기능
A접점	┤ ├	상시개로 순시폐로
B접점	┤/├	상시폐로 순시개로

2 명령어

(1) 회로 입력 : LOAD

(2) 회로 출력 : OUT

(3) 직렬 : AND

(4) 병렬 : OR

(5) 부정 : NOT

3 PLC 프로그램표

(1) 직렬 연결

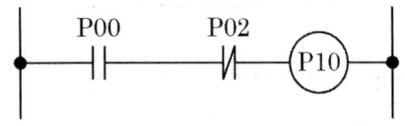

차례	명령	번지
0	LOAD	P00
1	AND NOT	P02
2	OUT	P10

(2) 병렬 연결

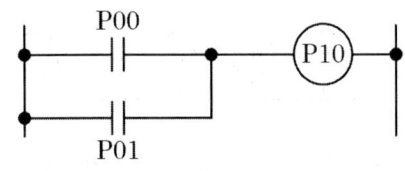

차례	명령	번지
0	LOAD	P00
1	OR	P01
2	OUT	P10

(3) 직·병렬 연결

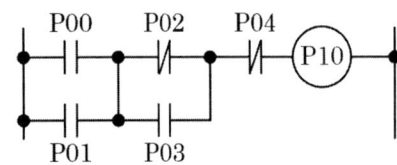

차례	명령	번지
0	LOAD	P00
1	OR	P01
2	LOAD NOT	P02
3	OR	P03
4	AND LOAD	-
5	AND NOT	P04
6	OUT	P10

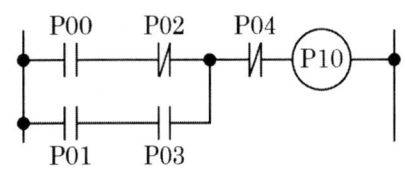

차례	명령	번지
0	LOAD	P00
1	AND NOT	P02
2	LOAD	P01
3	AND	P03
4	OR LOAD	-
5	AND NOT	P04
6	OUT	P10

01
전기산업기사(2018년 1회)

논리식 X = $\overline{AB}$ + C에 대한 다음 각 물음에 답하시오. (단, A, B, C는 입력이고 X는 출력이다)

(1) 논리회로도로 표시하시오.

(2) (1)의 논리회로도를 2입력 NAND 게이트만을 최소로 사용한 회로로 표시하시오.

정답

(1)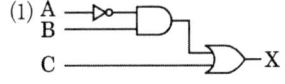

(2)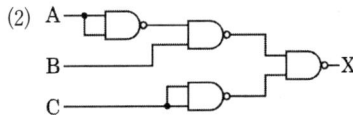

02
전기산업기사(2016년 3회)

다음 진리표(Truth Table)는 어떤 논리회로를 나타낸 것인지 명칭과 논리기호로 나타내시오.

입력		출력
A	B	
0	0	0
0	1	0
1	0	0
1	1	1

정답

- 명칭 : AND회로
- 기호 :

03 전기산업기사(2015년 1회)

무접점 제어회로의 출력 Z에 대한 논리식을 입력요소가 모두 나타나도록 전개하시오. (단, A, B, C, D는 푸시버튼 스위치 입력이다)

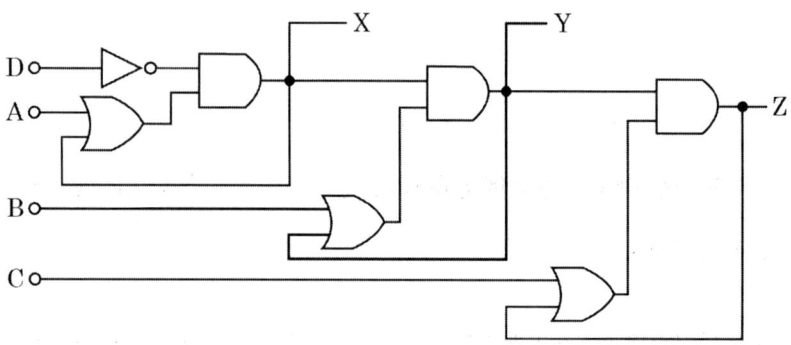

정답

$$Z = \overline{D}(A+X)(B+Y)(C+Z)$$

04 전기산업기사(2018년 3회)

주어진 진리표는 3개의 리미트 스위치 LS_1, LS_2, LS_3에 입력을 주었을 때 출력 X와의 관계표이다. 이 표를 이용하여 다음 각 물음에 답하시오.

진리표			
LS_1	LS_2	LS_3	X
0	0	0	0
0	0	1	0
0	1	0	0
0	1	1	1
1	0	0	0
1	0	1	1
1	1	0	1
1	1	1	1

(1) 진리표를 이용하여 다음과 같은 Karnaugh도를 완성하시오.

LS₃ \ LS₁, LS₂	0 0	0 1	1 1	1 0
0				
1				

(2) 물음 (1)에서의 Karnaugh도에 대한 논리식을 쓰시오.

(3) 진리값과 물음 (2)의 논리식을 이용하여 무접점 회로도를 그리시오.

정답

(1)

LS₃ \ LS₁, LS₂	0 0	0 1	1 1	1 0
0	0	0	1	0
1	0	1	1	1

(2) $X = LS_1 LS_2 + LS_2 LS_3 + LS_1 LS_3$

(3)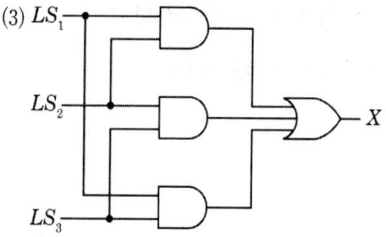

그림과 같은 시퀀스회로에서 접점 "A"가 닫혀서 폐회로가 될 때 표시등 PL의 동작사항을 설명하시오.
(단, X는 보조릴레이, $T_1 \sim T_2$는 타이머(On Delay)이며 설정시간은 1초이다)

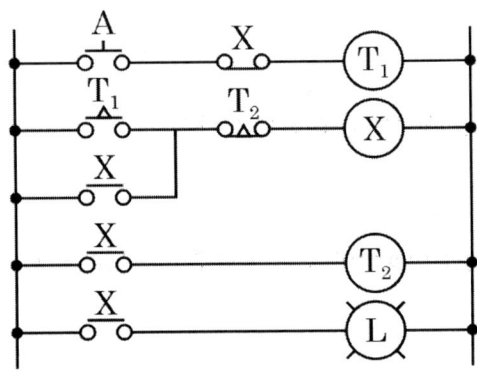

정답

- 접점 A가 닫히면 T_1이 여자되고 T_1의 설정시간 1초 후 접점 T_1이 닫히면 X가 여자된다.
- 접점 X - a가 모두 닫히고 T_2 여자, 표시등 PL ON, 접점 X - b가 열리면서 T_1이 소자된다.
- T_2의 설정시간 1초 후 접점 T_2 - b가 열리면서 X가 소자되고, 표시등 PL이 OFF된다.
- 접점 X - a가 모두 열리고 접점 X - b가 닫히면서 T_1이 여자된다.
- 따라서 표시등 PL은 1초 간격으로 깜빡이게 된다.

06 전기산업기사(2019년 2회)

무접점 회로도를 정확히 이해하고 다음 물음에 답하시오.

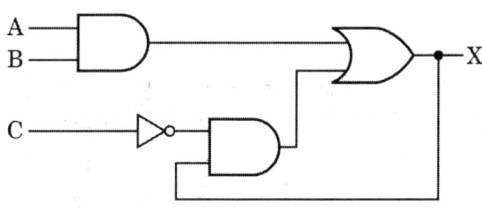

(1) 회로도의 논리식을 나타내시오.

(2) 무접점 회로도를 이용하여 유접점 회로도를 그리시오.

(3) 무접점 회로도를 이용하여 타임차트를 완성하시오.

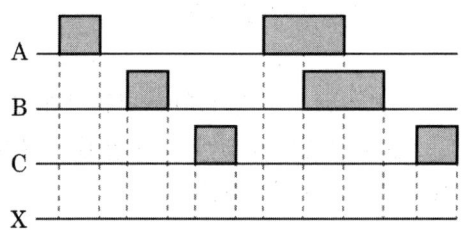

정답

(1) $X = AB + \overline{C}X$

(2)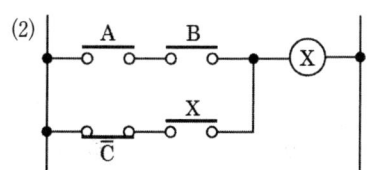

(3)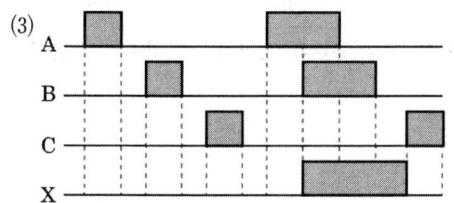

07

그림과 같은 3상 유도전동기의 미완성 시퀀스 회로도를 보고 다음 각 물음에 답하시오.

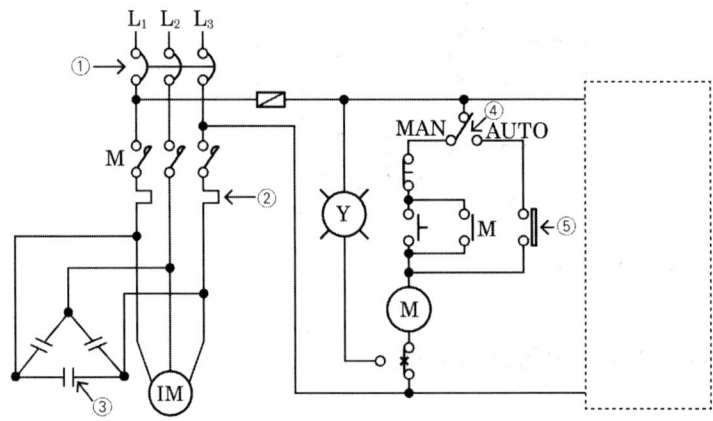

(1) 도면에 표시된 ①~⑤의 약호와 한글 명칭을 적으시오.

번호	①	②	③	④	⑤
약호					
한글 명칭					

(2) 도면에 그려져 있는 황색램프 ⓨ의 역할을 적으시오.

(3) 전동기가 정지하고 있을 때는 녹색램프 ⓖ가 점등되며, 전동기가 운전 중일 때는 녹색램프 ⓖ가 소등되고 적색램프 ⓡ이 점등되도록 회로도의 점선 박스 안에 그려 완성하시오. (단, 전자접촉기 M의 a, b 접점을 이용하여 회로도를 완성하시오)

정답

(1)

번호	①	②	③	④	⑤
약호	MCCB	THR	SC	PBS	LS
한글 명칭	배선용 차단기	열동 계전기	전력용 콘덴서	누름버튼 스위치	리미트 스위치

(2) 과부하 동작 표시램프

(3)

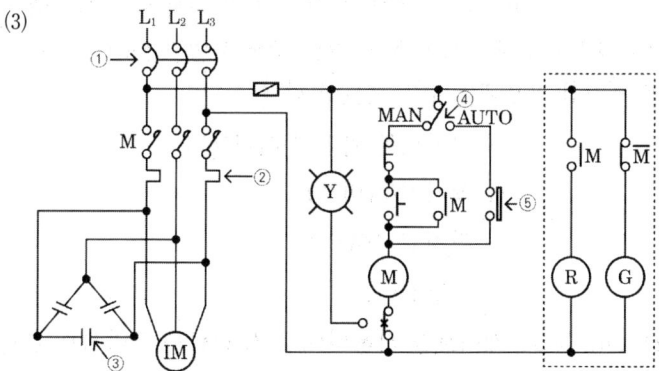

08 전기산업기사(2019년 2회)

그림은 중형 환기팬의 수동 운전 및 고장 표시등 회로의 일부이다. 이 회로를 이용하여 다음 각 질문에 답하시오.

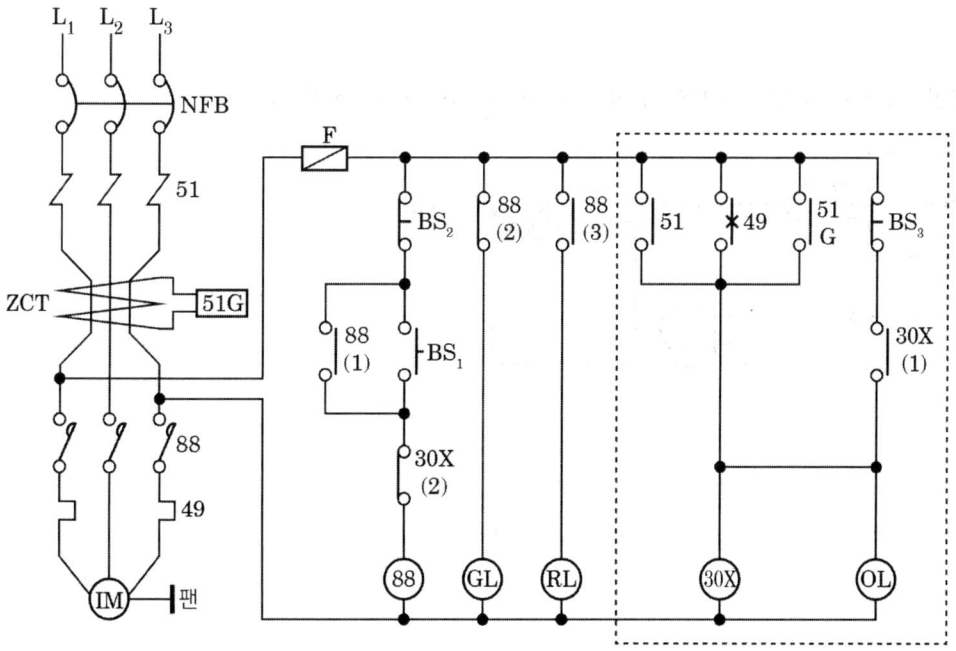

(1) 88은 MC로서 도면에서는 출력기구이다. 도면에 표시된 기구(버튼) 및 램프에 대하여 다음에 해당되는 명칭을 그 약호로 쓰시오.(단, 기구(버튼) 및 램프에 대한 약호의 중복은 없고 MCCB, ZCT, IM은 제외하며, 해당되는 기구가 여러 가지일 경우에는 모두 쓰도록 한다)

① 고장표시기구 : ② 고장회복 확인기구(버튼) :
③ 기동기구(버튼) : ④ 정지기구(버튼) :
⑤ 운전표시램프 : ⑥ 정지표시램프 :
⑦ 고장표시램프 : ⑧ 고장검출기구 :

(2) 그림의 점선으로 표시된 회로를 AND, OR, NOT 게이트를 사용하여 로직 회로를 그리시오. (단, 로직 소자는 3입력 이하로 한다)

정답

(1) ① 30X ② BS₃ ③ BS₁ ④ BS₂ ⑤ RL ⑥ GL ⑦ OL ⑧ 51. 51G, 49

(2)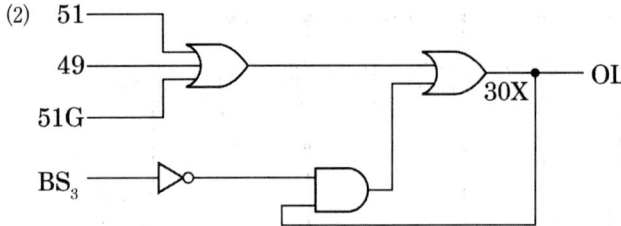

09

다음과 같이 주어진 동작설명과 보기를 이용하여 3상 유도전동기의 직입 기동 제어회로의 미완성 부분을 주어진 보기의 명칭 및 접점수를 준수하여 회로를 완성하시오.

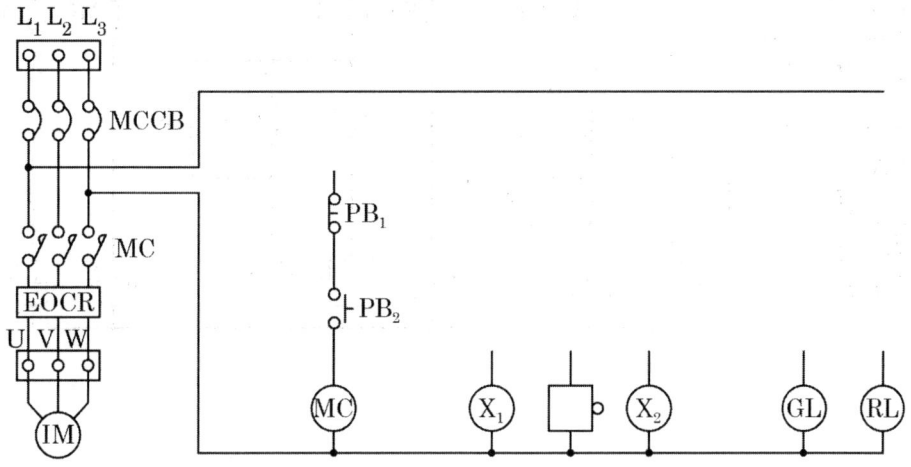

[동작설명]

- PB_2(기동)를 누른 후 놓으면 MC는 자기유지되며, MC에 의하여 전동기가 운전된다.
- PB_1(정지)을 누르면 MC는 소자되며, 운전 중인 전동기는 정지된다.
- 과부하에 의하여 전자식 과전류 계전기(EOCR)가 동작되면 운전 중인 전동기는 동작을 멈추며, X_1 릴레이가 여자되고, X_1 릴레이 접점에 의하여 경보벨이 동작한다.
- 경보벨 동작 중 PB_3을 눌렀다 놓으면 X_2 릴레이가 여자되어 경보벨의 동작은 멈추지만 전동기는 기동되지 않는다.
- 전자식 과전류 계전기(EOCR)가 복귀되면 X_1, X_2 릴레이가 소자된다.
- 전동기가 운전 중이면 RL(적색), 정지되면 GL(녹색) 램프가 점등된다.

〈보기〉

약호	명칭	약호	명칭
MCCB	배선용 차단기(3P)	PB_1	누름버튼 스위치(전동기 정지용, 1b)
MC	전자개폐기(주접점 3a, 보조접점 2a1b)	PB_2	누름버튼 스위치(전동기 기동용, 1a)
EOCR	전자식 과전류 계전기(보조접점 1a1b)	PB_3	누름버튼 스위치(경보벨 정지용, 1a)
X_1	경보 릴레이(1a)	RL	적색 표시등
X_2	경보 정지 릴레이(1a1b)	GL	녹색 표시등
M	3상 유도전동기	B	경보벨

정답

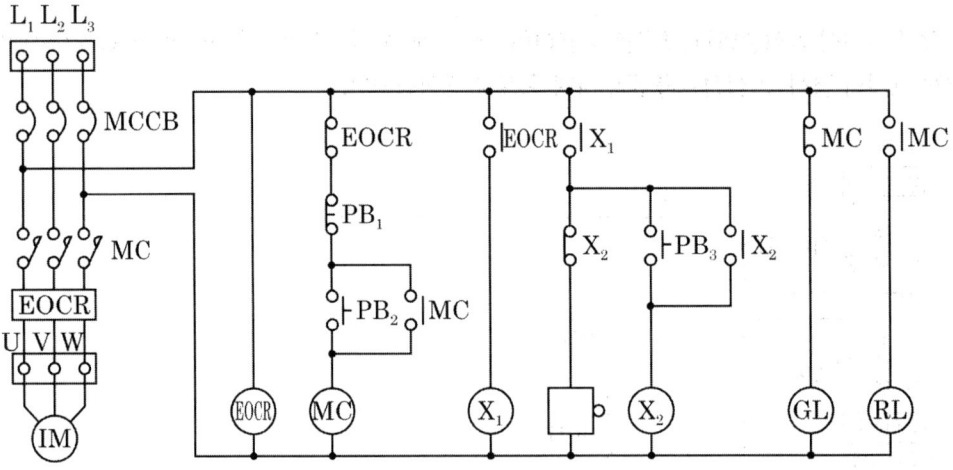

10

전기산업기사(2017년 2회)

다음 그림과 같은 시퀀스 회로를 보고 각 질문에 답하시오. (단, R_1, R_2, R_3는 보조 릴레이이다)

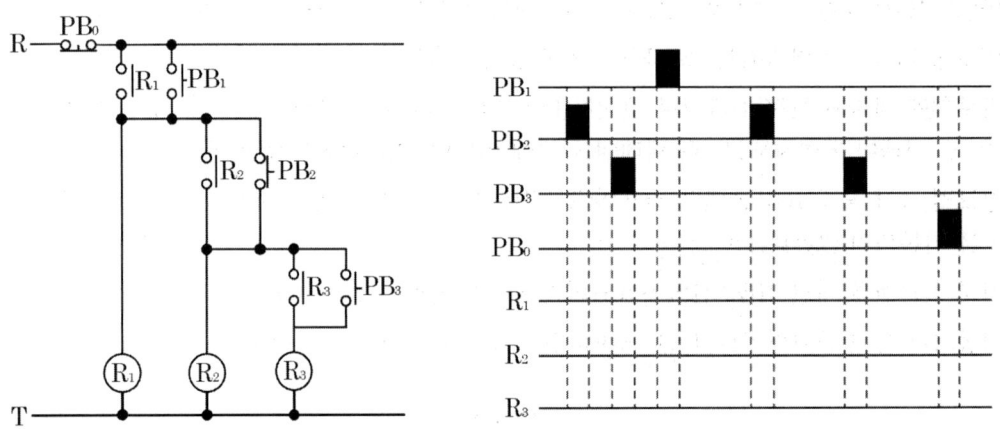

(1) 전원 측의 가장 가까운 누름버튼스위치 PB_1으로부터 PB_2, PB_3, PB_0까지 ON 조작할 경우의 동작사항을 설명하시오. (단, 여기에서 ON 조작은 누름버튼스위치를 눌러주는 역할을 말한다)

동작 조건	동작사항 설명
PB_1 ON	
PB_2 ON	
PB_3 ON	
PB_0 ON	

(2) 최초에 PB_2를 ON 조작한 경우의 동작사항을 설명하시오.

(3) 타임차트의 누름버튼스위치 PB_1, PB_2, PB_3, PB_0와 같은 타이밍으로 ON 조작하였을 때 타임차트의 R_1, R_2, R_3의 동작상태를 그림으로 완성하시오.

정답

(1)

동작 조건	동작사항 설명
PB_1 ON	R_1 여자
PB_2 ON	처음 PB_2를 누르면 동작하지 않으나 PB_1을 눌러 R_1이 여자된 후 두 번째 PB_2를 누르면 R_2가 여자
PB_3 ON	처음 PB_3를 누르면 동작하지 않으나 PB_1을 눌러 R_1이 여자된 후 PB_2를 누르면 R_2가 여자된 후 두 번째 PB_3를 누르면 R_3가 여자
PB_0 ON	R_1, R_2, R_3 모두 소자

(2) 동작하지 않는다.

(3)
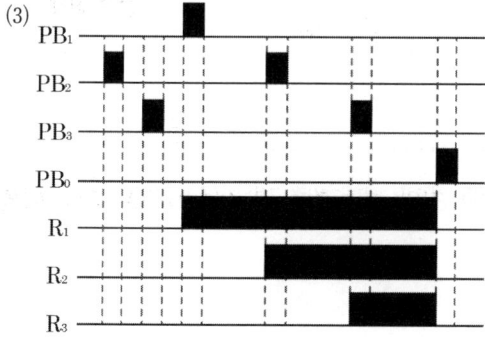

11

그림은 3상 유도전동기의 Y-△ 기동법을 나타내는 결선도이다. 다음 질문에 답하시오.

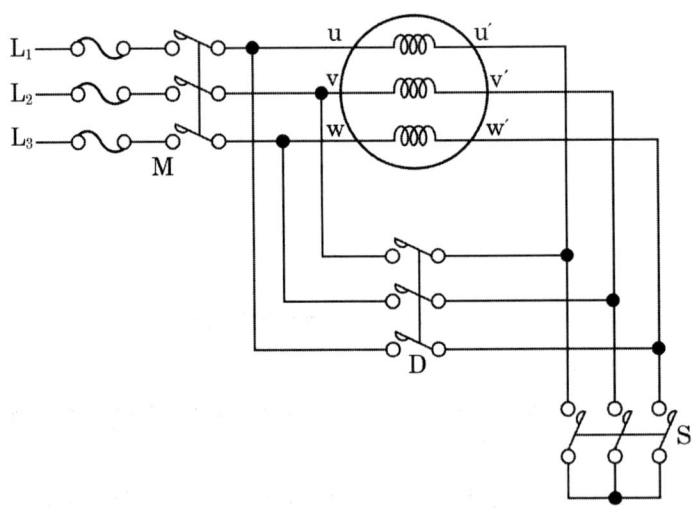

(1) 다음 표의 빈칸에 기동 시 및 운전 시의 전자 개폐기의 접점의 ON, OFF 상태 및 접속 상태(Y결선, △결선)를 쓰시오.

구분	전자 개폐기 접점 상태(ON, OFF)			접속 상태
	S	D	M	
기동 시				
운전 시				

(2) 전전압 기동과 비교하여 Y-△ 기동법의 기동 시 기동전압, 기동전류 및 기동토크는 각각 어떻게 되는가?
① 기동전압
② 기동전류
③ 기동토크

정답

(1)

구분	전자 개폐기 접점 상태(ON, OFF)			접속 상태
	S	D	M	
기동 시	ON	OFF	ON	Y결선
운전 시	OFF	ON	ON	△결선

(2) ① 기동전압 : $\dfrac{1}{\sqrt{3}}$배 ② 기동전류 : $\dfrac{1}{3}$배 ③ 기동토크 : $\dfrac{1}{3}$배

12

다음 주어진 전동기 정·역 운전회로의 주 회로에 알맞은 제어회로를 주어진 설명과 같은 시퀀스도로 완성하시오.

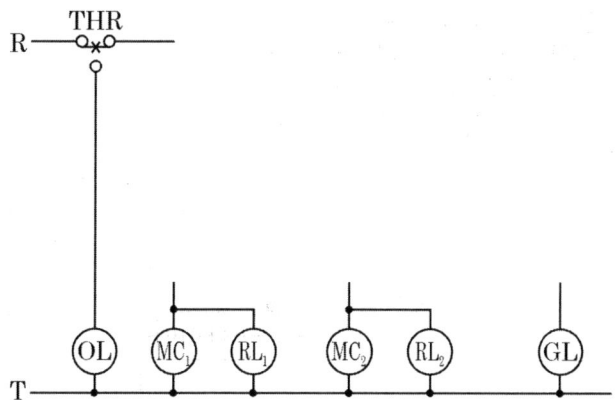

[제어회로 동작 설명]
1. 제어회로에 전원이 인가되면 GL 램프가 점등된다.
2. 푸시버튼(BS_1)을 누르면 MC_1이 여자되고 회로가 자기유지되며, RL_1 램프가 점등된다.
3. MC_1의 동작에 따라 전동기는 정회전을 하고 GL 램프는 소등된다.
4. 푸시버튼(BS_3)을 누르면 전동기가 정지하고 GL 램프가 점등된다.
5. 푸시버튼(BS_2)을 누르면 MC_2가 여자되고 회로가 자기유지되며, RL_2 램프가 점등된다.
6. MC_2의 동작에 따라 전동기는 역회전을 하고 GL 램프는 소등된다.
7. 푸시버튼(BS_3)을 누르면 전동기가 정지하고 GL 램프가 점등된다.
8. MC_1, MC_2는 동시 작동하지 않도록 MC b접점을 이용하여 상호 인터록 회로로 구성되어 있다.
9. 과전류가 흘러 열동형 계전기가 작동하면, 제어회로에 전원이 차단되고 OL 램프가 점등된다.

정답

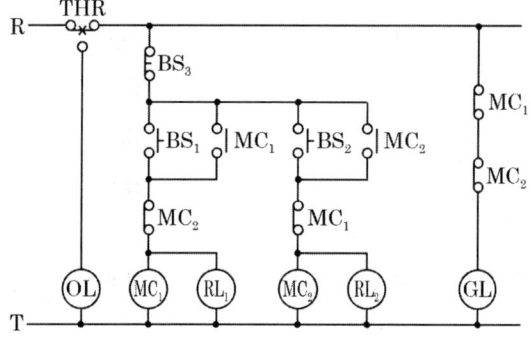

13 전기산업기사(2016년 1회)

PLC 프로그램 작도 시 주의사항 중 출력 뒤에 접점을 사용할 수 없다. 문제의 도면을 바르게 고쳐 그리시오.

[정답]

14 전기산업기사(2019년 2회)

PLC 프로그램을 보고 프로그램에 맞도록 주어진 PLC 접점 회로도를 완성하여 그리시오.
(단, ① STR : 입력 A 접점(신호) ② STRN : 입력 B 접점(신호) ③ AND : AND A 접점
④ ANDN : AND B 접점 ⑤ OR : OR A 접점 ⑥ ORN : OR B 접점 ⑦ OB : 병렬접속점
⑧ OUT : 출력 ⑨ END : 끝 ⑩ W : 각 번지 끝)

〈PLC 접점 회로도〉

어드레스	명령어	데이터	비고
01	STR	001	W
02	STR	003	W
03	ANDN	002	W
04	OB	-	W
05	OUT	100	W
06	STR	001	W
07	ANDN	002	W
08	STR	003	W
09	OB	-	W
10	OUT	200	W
11	END	-	W

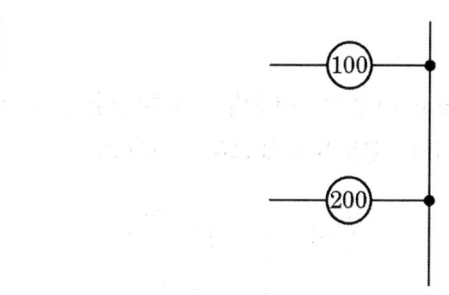

정답

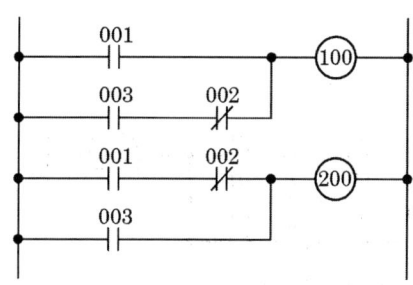

15 전기산업기사(2018년 3회)

다음은 PLC 명령어 중 접점명령에 대한 것이다. 접점의 명칭 및 기능을 쓰시오.

명칭	심벌	접점의 명칭 및 기능
LOAD	─┤├─	
LOAD NOT	─┤/├─	

정답

명칭	심벌	접점의 명칭 및 기능
LOAD	─┤├─	시작점 A접점 : 상시개로 순시폐로
LOAD NOT	─┤/├─	시작점 B접점 : 상시폐로 순시개로

16

PLC 프로그램 작동 시 주의사항 중 래더 다이어그램 방식에서 접점 상하 사이에 접점을 넣을 수 없다. 아래의 그림에서 제시된 래더 다이어그램을 바르게 고쳐 그리시오.

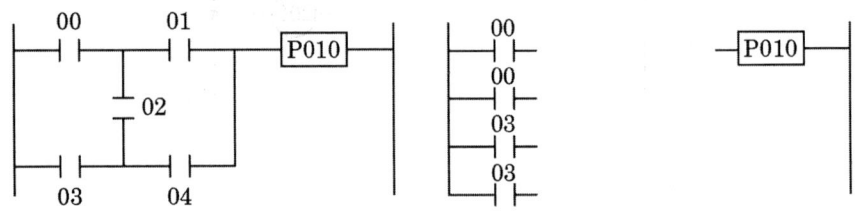

정답

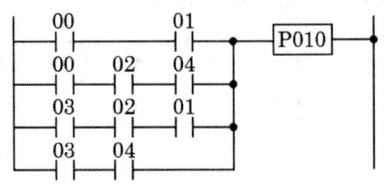

17

그림과 같은 PLC 시퀀스(래더 다이어그램)가 있다. 질문에 답하시오.

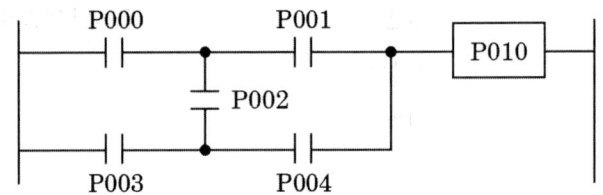

(1) PLC 프로그램에서의 신호 흐름은 단방향이므로 시퀀스를 수정해야 한다. 문제의 도면을 바르게 작성하시오.

(2) PLC 프로그램을 표의 ① ~ ⑧에 완성하시오. (단, 명령어는 LOAD, AND, OR, NOT, OUT를 사용한다)

주소	명령어	번지	주소	명령어	번지
0	LOAD	P000	7	AND	P002
1	AND	P001	8	⑤	⑥
2	①	②	9	OR LOAD	
3	AND	P002	10	⑦	⑧
4	AND	P004	11	AND	P004
5	OR LOAD		12	OR LOAD	
6	③	④	13	OUT	P010

정답

(1)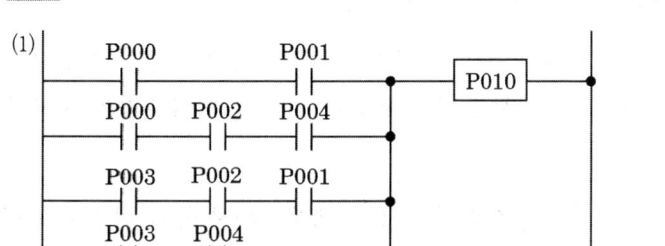

(2) ① LOAD ② P000 ③ LOAD ④ P003
　　⑤ AND　 ⑥ P001 ⑦ LOAD ⑧ P003

CHAPTER 08 감리

01 용어

1 정의

(1) 설계감리 : 전력시설물의 설치·보수공사(이하 "전력시설물공사"라 한다)의 계획·조사 및 설계가 법에 따른 전력기술기준과 관계 법령에 따라 적정하게 시행되도록 관리하는 것을 말한다.

(2) 발주자 : 전력시설물공사의 설계감리 용역을 발주하는 자

(3) 설계용역성과 : 설계도서(설계도면, 설계내역서, 설계설명서, 그 밖에 발주자가 필요하다고 인정하여 요구한 관련 서류) 및 각종 보고서를 포함한 설계자가 발주자에게 제출하여야 하는 성과물

(4) 설계의 경제성 검토 : 전력시설물의 현장적용 적합성 및 생애주기비용 등을 검토하는 것

(5) 설계감리자 : 영 제18조 제2항 및 「전력기술관리법 시행규칙」 제17조 제1항에 따라 시·도지사의 확인을 받은 업체를 말한다.

(6) 설계감리원 : 설계감리자에 소속하여 설계감리 용역계약에 따라 설계감리업무를 직접 수행하는 전기 분야 기술사, 고급기술자 또는 고급감리원(경력수첩 또는 감리원 수첩을 발급받은 사람을 말한다) 이상인 사람을 말한다.

(7) 지원업무수행자 : 설계용역 및 설계감리 용역에 관한 업무를 주관하는 사람으로서 지침 제7조에 따른 업무를 수행하는 발주자의 소속 직원을 말한다.

(8) 설계감리용역 계약문서 : 계약서, 설계감리용역 입찰유의서, 설계감리용역계약 일반조건, 설계감리용역계약 특수조건, 과업내용서 및 설계감리비 산출내역서로 구성되며 상호보완의 효력을 가진다.

(9) 설계감리 기간 : 설계감리용역 계약서에 표기된 계약기간을 말한다.

(10) 검토 : 설계자의 설계용역에 포함되어 있는 중요사항과 해당 설계용역과 관련한 발주자의 요구사항에 대하여 설계자 제출서류, 현장 실정 등 그 내용을 설계감리원이 숙지하고, 설계감리원의 경험과 기술을 바탕으로 하여 적합성 여부를 파악하는 것을 말하며, 사안에 따라 검토의견을 발주자에 보고 또는 설계자에게 제출하여야 한다.

⑪ 확인 : 발주자 또는 설계감리원이 설계자가 설계용역을 계약문서대로 실시하고 있는지 및 지시·조정·승인 사항에 대한 이행 여부를 문서 등으로 확인하는 것을 말한다.

⑫ 검토·확인 : 설계용역성과의 품질을 확보하기 위해 기술적인 검토뿐만 아니라, 그 실행 결과를 확인하는 일련의 과정을 말한다.

⑬ 지시 : 발주자가 설계감리원 및 설계자에게 또는 설계감리원이 설계자에게 소관 업무에 관한 방침, 기준, 계획 등에 대하여 기술지도를 하고, 실시하게 하는 것을 말한다. 다만 지시사항은 계약문서에 나타난 지시 및 이행사항에 해당하는 것을 원칙으로 하며, 구두 또는 서면으로 지시할 수 있으나 지시내용과 그 처리 결과는 반드시 확인하여 문서로 기록·비치하여야 한다.

⑭ 요구 : 계약당사자가 계약조건에 나타난 자신의 업무에 충실하고 정당한 계약수행을 위해 상대방에게 검토, 조사, 지원, 승인, 협조 등의 적합한 조치를 취하도록 의사를 밝히는 것으로, 요구사항을 접수한 자는 반드시 이에 대한 적절한 답변을 하여야 하며 이 경우 의사표시는 원칙적으로 서면으로 한다.

⑮ 승인 : 설계감리원 및 설계자가 승인 요청한 사항 등에 대하여 발주자가 설계감리원 및 설계자에게 또는 설계감리원이 설계자에게 서면으로 동의하는 것을 말한다. 이 경우 설계감리원 및 설계자는 승인되지 않은 업무를 수행할 수 없다.

⑯ 조정 : 설계용역 또는 설계감리업무가 원활하게 이루어지도록 하기 위하여 설계자, 설계감리원 및 발주자가 사전에 충분한 검토와 협의를 통해 관련자 모두가 동의하는 조치가 이루어지도록 하는 것을 말한다.

⑰ 작성 : 설계용역 또는 설계감리에 관한 각종 변경설계서, 계획서, 보고서 및 관련 도서를 양식에 맞게 제작하여 관련자에게 제출하는 것을 말하며, 설계서 및 서류별로 작성 주체, 소요비용에 관해 계약 시 명시하거나 사전에 협의하는 것을 원칙으로 한다.

02 감리원

1 감리원의 근무수칙(전력시설물공사 감리업무 제5조)

(1) 감리업무를 수행하는 감리원은 그 업무를 성실히 수행하고 공사의 품질 확보와 향상에 노력하며, 다음 각 호의 사항을 실천하여 감리원으로서의 품위를 유지하여야 한다.

① 감리원은 관련 법령과 이에 따른 명령 및 공공복리에 어긋나는 어떠한 행위도 하여서는 아니 되고, 신의와 성실로서 업무를 수행하여야 하며, 품위를 손상하는 행위를 하여서는 아니 된다.

② 감리원은 담당업무와 관련하여 제3자로부터 일체의 금품, 이권 또는 향응을 받아서는 아니 된다.

③ 감리원은 공사의 품질확보 및 질적 향상을 위하여 기술지도와 지원 및 기술개발·보급에 노력하여야 한다.

④ 감리원은 감리업무를 수행함에 있어 발주자의 감독권한을 대행하는 사람으로서 공정하고, 청렴결백하게 업무를 수행하여야 한다.

⑤ 감리원은 감리업무를 수행함에 있어 해당 공사의 공사계약문서, 감리과업지시서, 그 밖에 관련 법령 등의 내용을 숙지하고 해당 공사의 특수성을 파악한 후 감리업무를 수행하여야 한다.

⑥ 감리원은 해당 공사가 공사계약문서, 예정공정표, 발주자의 지시사항, 그 밖에 관련 법령의 내용대로 시공되는가를 공사 시행 시 수시로 확인하여 품질관리에 임하여야 하고, 공사업자에게 품질·시공·안전·공정관리 등에 대한 기술지도와 지원을 하여야 한다.

⑦ 감리원은 공사업자의 의무와 책임을 면제시킬 수 없으며, 임의로 설계를 변경하거나, 기일연장 등 공사계약조건과 다른 지시나 조치 또는 결정을 하여서는 아니 된다.

⑧ 감리원은 공사현장에서 문제점이 발생되거나 시공에 관련한 중요한 변경 및 예산과 관련되는 사항에 대하여는 수시로 발주자(지원업무담당자)에게 보고하고 지시를 받아 업무를 수행하여야 한다. 다만 인명손실이나 시설물의 안전에 위험이 예상되는 사태가 발생할 때에는 우선 적절한 조치를 취한 후 즉시 발주자에게 보고하여야 한다.

⑨ 감리업자 및 감리원은 해당 공사 시행 중은 물론 공사가 끝난 이후라도 감사 기관의 수감요구 및 발주자의 출석요구가 있을 경우에는 이에 응하여야 하며, 감리업무 수행과 관련하여 발생된 사고 또는 피해 발생으로 피해자가 소송 제기 시 소송 업무에 대하여 적극 협력하여야 한다.

(2) 상주감리원은 다음 각 호에 따라 현장 근무를 하여야 한다.

① 상주감리원은 공사현장(공사와 관련한 외부 현장점검, 확인 등 포함)에서 운영 요령에 따라 배치된 일수를 상주하여야 하며, 다른 업무 또는 부득이한 사유로 1일 이상 현장을 이탈하는 경우에는 반드시 감리업무일지에 기록하고, 발주자(지원업무담당자)의 승인(부재 시 유선 보고)을 받아야 한다.

② 상주감리원은 감리사무실 출입구 부근에 부착한 근무 상황판에 현장 근무 위치 및 업무 내용 등을 기록하여야 한다.

③ 감리업자는 감리원이 감리업무 수행 기간 중 법에 따른 교육훈련이나 「민방위기본법」 또는 「향토예비군설치법」 등에 따른 교육을 받는 경우나 「근로기준법」에 따른 유급휴가로 현장을 이탈하게 되는 경우에는 감리업무에 지장이 없도록 직무대행자를 지정(동일 현장의 상주감리원 또는 비상주감리원)하여 업무 인계·인수 등의 필요한 조치를 하여야 한다.

④ 상주감리원은 발주자의 요청이 있는 경우에는 초과근무를 하여야 하며, 공사업자의 요청이 있을 경우에는 발주자의 승인을 받아 초과근무를 하여야 한다. 이 경우 대가 지급은 운영요령 또는 「국가를 당사자로 하는 계약에 관한 법률」에 따른 계약예규에서 정하는 바에 따른다.

⑤ 감리업자는 감리현장이 원활하게 운영될 수 있도록 감리용역비 중 직접경비를 감리대가 기준에 따라 적정하게 사용하여야 하며, 발주자가 요구할 경우 직접경비의 사용에 대한 증빙을 제출하여야 한다.

(3) 비상주감리원은 다음 각 호에 따라 업무를 수행하여야 한다.
① 설계도서 등의 검토
② 상주감리원이 수행하지 못하는 현장 조사분석 및 시공상의 문제점에 대한 기술 검토와 민원사항에 대한 현지조사 및 해결방안 검토
③ 중요한 설계변경에 대한 기술 검토
④ 설계변경 및 계약금액 조정의 심사
⑤ 기성 및 준공검사
⑥ 정기적(분기 또는 월별)으로 현장 시공상태를 종합적으로 점검·확인·평가하고 기술지도
⑦ 공사와 관련하여 발주자(지원업무수행자 포함)가 요구한 기술적 사항 등에 대한 검토
⑧ 그 밖에 감리업무 추진에 필요한 기술지원 업무

03 발주자, 담당자의 업무 범위

1 발주자의 지도·감독 및 지원업무수행자의 업무 범위(전력시설물공사 감리업무 제6조)

(1) 발주자는 감리용역계약서에 따라 다음 각 호의 사항에 대하여 감리원을 지도·감독하며 모든 지시 및 통보는 감리업자 또는 감리원을 통하여 전달 또는 시행되도록 하여야 한다.
① 적정자격 보유 여부 및 상주 이행 상태
② 품위손상 여부 및 근무 자세
③ 지시사항 이행 상태
④ 행정서류 및 비치서류의 처리기록 관리
⑤ 각종 보고서의 처리 상태
⑥ 감리용역비 중 직접경비(감리대가기준)의 현장 지급 여부 확인

(2) 지원업무담당자의 주요 업무는 다음 각 호와 같다.
　① 입찰참가자격심사(PQ) 기준 작성(필요한 경우)
　② 감리업무 수행계획서, 감리원 배치계획서 검토
　③ 보상 담당부서에서 수행하는 통상적인 보상업무 외에 감리원 및 공사업자와 협조하여 용지측량, 기공(起工)승락, 지장물 이설 확인 등의 용지보상 지원업무 수행
　④ 감리원에 대한 지도·점검(근태 상황 등)
　⑤ 감리원이 수행할 수 없는 공사와 관련한 각종 관·민원업무 및 인·허가 업무를 해결하고, 특히 지역성 민원해결을 위한 합동조사, 공청회 개최 등 추진
　⑥ 설계변경, 공기 연장 등 주요사항 발생 시 발주자로부터 검토, 지시가 있을 경우, 현지 확인 및 검토·보고
　⑦ 공사관계자회의 등에 참석, 발주자의 지시사항 전달 및 감리·공사 수행상 문제점 파악·보고
　⑧ 필요시 기성검사 및 각종검사 입회
　⑨ 준공검사 입회
　⑩ 준공도서 등의 인수
　⑪ 하자 발생 시 현지 조사 및 사후 조치

04 공사착공 단계 감리업무

1 설계도서 등의 검토(전력시설물공사 감리업무 제8조)

(1) 감리원은 설계도면, 설계설명서, 공사비 산출내역서, 기술계산서, 공사계약서의 계약내용과 해당 공사의 조사 설계보고서 등의 내용을 완전히 숙지하여 새로운 방향의 공법 개선 및 예산 절감을 도모하도록 노력하여야 한다.

(2) 감리원은 설계도서 등에 대하여 공사계약문서 상호 간의 모순되는 사항, 현장 실정과의 부합여부 등 현장 시공을 주안으로 하여 해당 공사 시작 전에 검토하여야 하며 검토내용에는 다음 각 호의 사항 등이 포함되어야 한다.
　① 현장조건에 부합 여부
　② 시공의 실제 가능 여부
　③ 다른 사업 또는 다른 공정과의 상호 부합 여부
　④ 설계도면, 설계설명서, 기술계산서, 산출내역서 등의 내용에 대한 상호 일치 여부
　⑤ 설계도서의 누락, 오류 등 불명확한 부분의 존재 여부

⑥ 발주자가 제공한 물량 내역서와 공사업자가 제출한 산출내역서의 수량일치 여부

⑦ 시공상의 예상 문제점 및 대책 등

2 설계도서 등의 관리(전력시설물공사 감리업무 제9조)

(1) 감리원은 감리업무 착수와 동시에 공사에 관한 설계도서 및 자료, 공사계약문서 등을 발주자로부터 인수하여 관리번호를 부여하고, 관리대장을 작성하여 공사관계자 이외의 자에게 유출을 방지하는 등 관리를 철저히 하여야 하며, 외부에 유출하고자 하는 때에는 발주자 또는 지원업무담당자의 승인을 받아야 한다.

(2) 감리원은 설계도면 등 중요한 자료는 반드시 잠금장치로 된 서류함에 보관하여야 하며, 캐비닛 등에 보관된 설계도서 및 관리 서류의 명세서를 기록하여 내측에 부착하여 관리하여야 한다.

(3) 공사업자가 차용하여 간 설계도서 등 중요자료를 반드시 잠금장치로 된 서류함에 보관하여 분실 또는 유실되지 않도록 지도·감독하여야 한다.

(4) 감리원은 공사완료 후 공사 시작 전에 인수하여 보관하고 있는 설계도서 등을 발주자에게 반납하거나 지시에 따라 폐기 처분한다.

(5) 감리원은 공사의 여건을 감안하여 각종 법령, 표준 설계설명서 및 필요한 기술서적 등을 비치하여야 한다.

3 착공신고서 검토 및 보고(전력시설물공사 감리업무 제11조)

(1) 감리원은 공사가 시작된 경우에는 공사업자로부터 다음 각 호의 서류가 포함된 착공신고서를 제출받아 적정성 여부를 검토하여 7일 이내에 발주자에게 보고하여야 한다.

① 시공관리책임자 지정통지서(현장관리조직, 안전관리자)

② 공사 예정공정표

③ 품질관리계획서

④ 공사도급 계약서 사본 및 산출내역서

⑤ 공사 시작 전 사진

⑥ 현장기술자 경력사항 확인서 및 자격증 사본

⑦ 안전관리계획서

⑧ 작업인원 및 장비투입 계획서

⑨ 그 밖에 발주자가 지정한 사항

(2) 감리원은 다음 각 호를 참고하여 착공신고서의 적정 여부를 검토하여야 한다.
  ① 계약 내용의 확인
    - 공사기간(착공 ~ 준공)
    - 공사비 지급 조건 및 방법(선급금, 기성부분 지급, 준공금 등)
    - 그 밖에 공사계약문서에 정한 사항
  ② 현장기술자의 적격 여부
    - 시공관리책임자 : 「전기공사업법」 제17조
    - 안전관리자 : 「산업안전보건법」 제15조
  ③ 공사 예정공정표 : 작업 간 선행·동시 및 완료 등 공사 전·후 간의 연관성이 명시되어 작성되고, 예정공정률이 적정하게 작성되었는지 확인
  ④ 품질관리계획 : 공사 예정공정표에 따라 공사용 자재의 투입 시기와 시험 방법, 빈도 등이 적정하게 반영되었는지 확인
  ⑤ 공사 시작 전 사진 : 전경이 잘 나타나도록 촬영되었는지 확인
  ⑥ 안전관리계획 : 산업안전보건법령에 따른 해당 규정 반영 여부
  ⑦ 작업 인원 및 장비투입 계획 : 공사의 규모 및 성격, 특성에 맞는 장비형식이나 수량의 적정 여부 등

4 현장사무소, 공사용 도로, 작업장부지 등의 선정(전력시설물공사 감리업무 제14조)

(1) 감리원은 공사 시작과 동시에 공사업자에게 다음 각 호에 따른 가설시설물의 면적, 위치 등을 표시한 가설시설물 설치계획표를 작성하여 제출하도록 하여야 한다.
  ① 공사용 도로(발·변전설비, 송·배전설비에 해당)
  ② 가설사무소, 작업장, 창고, 숙소, 식당 및 그 밖의 부대설비
  ③ 자재 야적장
  ④ 공사용 임시전력

(2) 감리원은 제1항에 따른 가설시설물 설치계획에 대하여 다음 각 호의 내용을 검토하고 시원업무담당자와 협의하여 승인하도록 하여야 한다.
  ① 가설시설물의 규모는 공사 규모 및 현장 여건을 고려하여 정하여야 하며, 위치는 감리원이 공사 전 구간의 관리가 용이하도록 공사 중의 동선계획을 고려할 것
  ② 가설시설물이 공사 중에 이동, 철거되지 않도록 지하구조물의 시공위치와 중복되지 않는 위치를 선정
  ③ 가설시설물에 우수가 침입되지 않도록 대지조성 시공기면(F.L)보다 높게 설치하여, 홍수 시 피해발생 유무 등을 고려할 것

④ 식당, 세면장 등에서 사용한 물의 배수가 용이하고 주변 환경을 오염시키지 않도록 조치

⑤ 가설시설물의 이용 등으로 인하여 인접 주민들에게 소음 등 민원이 발생하지 않도록 조치

05 공사시행 단계 감리업무

1 일반 행정업무(전력시설물공사 감리업무 제16조)

(1) 감리원은 감리업무 착수 후 빠른 시일 내에 해당 공사의 내용, 규모, 감리원 배치 인원 수 등을 감안하여 각종 행정업무 중에서 최소한의 필요한 행정업무 사항을 발주자와 협의하여 결정하고, 이를 공사업자에게 통보하여야 한다.

(2) 공사업자는 다음 각 호의 서식 중 해당 공사현장에서 공사업무 수행상 필요한 서식을 비치하고 기록·보관하여야 한다.
① 하도급현황
② 주요인력 및 장비투입현황
③ 작업계획서
④ 기자재 공급원 승인현황
⑤ 주간공정계획 및 실적보고서
⑥ 안전관리비 사용실적현황
⑦ 각종 측정 기록표

(3) 감리원은 다음 각 호에 따른 문서의 기록관리 및 문서수발에 관한 업무를 하여야 한다.
① 감리업무일지는 감리원별 분담업무에 따라 항목별(품질관리, 시공관리, 안전관리, 공정관리, 행정 및 민원 등)로 수행업무의 내용을 육하원칙에 따라 기록하며 공사업자가 작성한 공사일지를 매일 제출받아 확인한 후 보관한다.
② 주요한 현장은 공사 시작 전, 시공 중, 준공 등 공사과정을 알 수 있도록 동일 장소에서 사진을 촬영하여 보관한다.
③ 현지조사 보고사항은 그 내용을 구체적으로 작성하여 현장을 답사하지 않고도 현황을 파악할 수 있을 정도로 명확히 기록한다.
④ 각종 지시, 통보사항 및 회의내용 등 중요한 사항은 감리원 모두가 숙지하도록 교육 또는 공람시킨다.
⑤ 문서는 성격별로 분류하여 관리하며, 서류가 손실되는 일이 없도록 목차 및 페이지를 기록하여 보관한다.

2 감리보고(전력시설물공사 감리업무 제17조)

(1) 책임감리원은 감리업무 수행 중 긴급하게 발생되는 사항 또는 불특정하게 발생하는 중요사항에 대하여 발주자에게 수시로 보고하여야 하며, 보고서 작성에 대한 서식은 특별히 정해진 것이 없으므로 보고사안에 따라 보고하여야 한다.

(2) 책임감리원은 다음 각 호의 사항이 포함된 분기보고서를 작성하여 발주자에게 제출하여야 한다. 보고서는 매분기 말 다음 달 7일 이내로 제출한다.
① 공사추진현황(공사계획의 개요와 공사추진계획 및 실적, 공정현황, 감리용역현황, 감리조직, 감리원 조치내역 등)
② 감리원 업무일지
③ 품질검사 및 관리현황
④ 검사요청 및 결과통보내용
⑤ 주요기자재 검사 및 수불 내용(주요기자재 검사 및 입·출고가 명시된 수불현황)
⑥ 설계변경현황
⑦ 그 밖에 책임감리원이 감리에 관하여 중요하다고 인정하는 사항

(3) 책임감리원은 다음 각 호의 사항이 포함된 최종감리보고서를 감리기간 종료 후 14일 이내에 발주자에게 제출하여야 한다.
① 공사 및 감리용역 개요 등(사업목적, 공사개요, 감리용역 개요, 설계용역 개요)
② 공사추진 실적현황(기성 및 준공검사현황, 공종별 추진실적, 설계변경현황, 공사현장 실정 보고 및 처리현황, 지시사항 처리, 주요 인력 및 장비 투입현황, 하도급현황, 감리원 투입현황)
③ 품질관리 실적(검사요청 및 결과통보현황, 각종 측정기록 및 조사표, 시험장비 사용현황, 품질관리 및 측정자현황, 기술 검토실적현황 등)
④ 주요기자재 사용실적(기자재 공급원 승인현황, 주요기자재 투입현황, 사용자재 투입현황)
⑤ 안전관리 실적(안전관리조직, 교육실적, 안전점검실적, 안전관리비 사용실적)
⑥ 환경관리 실적(폐기물발생 및 처리실적)
⑦ 종합분석

3 현장 정기교육(전력시설물공사 감리업무 제18조)

(1) 감리원은 공사업자에게 현장에 종사하는 시공기술자의 양질시공 의식고취를 위한 다음 각 호와 같은 내용의 현장 정기교육을 해당 현장의 특성에 적합하게 실시하도록 하게하고, 그 내용을 교육실적 기록부에 기록·비치하여야 한다.
① 관련 법령·전기설비기준, 지침 등의 내용과 공사현황 숙지에 관한 사항

② 감리원과 현장에 종사하는 기술자들의 화합과 협조 및 양질시공을 위한 의식교육
③ 시공결과·분석 및 평가
④ 작업 시 유의사항 등

4 감리원의 의견 제시(전력시설물공사 감리업무 제19조)

(1) 감리원은 해당 공사와 관련하여 공사업자의 공법 변경요구 등 중요한 기술적인 사항에 대하여 요구한 날부터 7일 이내에 이를 검토하고 의견서를 첨부하여 발주자에게 보고하여야 하며, 전문성이 요구되는 경우에는 요구가 있는 날부터 14일 이내에 비상주감리의 검토의견서를 첨부하여 발주자에 보고하여야 한다. 이 경우 발주자는 그가 필요하다고 인정하는 때에는 제3자에게 자문을 의뢰할 수 있다.

(2) 감리원은 시공과 관련하여 검토한 내용에 대하여 스스로 필요하다고 판단될 경우에는 발주자 또는 공사업자에게 그 검토의견을 서면으로 제시할 수 있다.

(3) 감리원은 시공 중 예산이 변경되거나 계획이 변경되는 중요한 민원이 발생된 때에는 발주자가 민원처리를 할 수 있도록 검토의견서를 첨부하여 발주자에게 보고하여야 한다.

(4) 감리원은 공사와 직접 관련된 경미한 민원처리는 직접 처리하여야 하고, 전화 또는 방문민원을 처리함에 있어 민원인과의 대화는 원만하고 성실하게 하여야 하며 공사업자와 협조하여 적극적으로 해결방안을 강구·시행하고 그 내용은 민원처리부에 기록·비치하여야 한다. 다만 경미한 민원처리 사항 중 중요하다고 판단되는 경우에는 검토의견서를 첨부하여 발주자에게 보고하여야 한다.

(5) 감리원은 발주자(지원업무수행자)가 민원사항 처리를 위하여 조사와 서류작성의 요구가 있을 때에는 적극 협조하여야 한다.

5 시공기술자 등의 교체(전력시설물공사 감리업무 제20조)

(1) 감리원은 공사업자의 시공기술자 등이 제2항 각 호에 해당되어 해당 공사현장에 적합하지 않다고 인정되는 경우에는 공사업자 및 시공기술자에게 문서로 시정을 요구하고, 이에 불응하는 때에는 발주자에게 그 실정을 보고하여야 한다.

(2) 감리원으로부터 시공기술자의 실정보고를 받은 발주자는 지원업무담당자에게 실정 등을 조사·검토하게 하여 교체사유가 인정될 경우에는 공사업자에게 시공기술자의 교체를 요구하여야 한다. 이 경우 교체 요구를 받은 공사업자는 특별한 사유가 없으면 신속히 교체 요구에 응하여야 한다.

① 시공기술자 및 안전관리자가 관계 법령에 따른 배치기준, 겸직금지, 보수교육 이수 및 품질관리 등의 법규를 위반하였을 때

② 시공관리책임자가 감리원과 발주자의 사전 승낙을 받지 아니 하고 정당한 사유 없이 해당 공사현장을 이탈한 때

③ 시공관리책임자가 고의 또는 과실로 공사를 조잡하게 시공하거나 부실시공을 하여 일반인에게 위해(危害)를 끼친 때

④ 시공관리책임자가 계약에 따른 시공 및 기술능력이 부족하다고 인정되거나 정당한 사유 없이 기성공정이 예정공정에 현격히 미달한 때

⑤ 시공관리책임자가 불법 하도급을 하거나 이를 방치하였을 때

⑥ 시공기술자의 기술능력이 부족하여 시공에 차질을 초래하거나 감리원의 정당한 지시에 응하지 아니할 때

⑦ 시공관리책임자가 감리원의 검사·확인 등 승인을 받지 아니하고 후속 공정을 진행하거나 정당한 사유 없이 공사를 중단할 때

6 시공계획서의 검토·확인(전력시설물공사 감리업무 제29조)

(1) 감리원은 공사업자가 작성·제출한 시공계획서를 공사 시작일부터 30일 이내에 제출받아 이를 검토·확인하여 7일 이내에 승인하여 시공하도록 하여야 하고, 시공계획서의 보완이 필요한 경우에는 그 내용과 사유를 문서로서 공사업자에게 통보하여야 한다. 시공계획서에는 시공계획서의 작성기준과 함께 다음 각 호의 내용이 포함되어야 한다.

① 현장 조직표
② 공사 세부공정표
③ 주요 공정의 시공 절차 및 방법
④ 시공일정
⑤ 주요 장비 동원 계획
⑥ 주요 기자재 및 인력투입 계획
⑦ 주요 설비
⑧ 품질·안전·환경관리 대책 등

(2) 감리원은 시공계획서를 공사 착공신고서와 별도로 실제 공사시작 전에 제출받아야 하며, 공사 중 시공계획서에 중요한 내용 변경이 발생할 경우에는 그 때마다 변경 시공계획서를 제출받은 후 5일 이내에 검토·확인하여 승인한 후 시공하도록 하여야 한다.

7 시공상세도 승인(전력시설물공사 감리업무 제31조)

(1) 감리원은 공사업자로부터 시공상세도를 사전에 제출 받아 다음 각 호의 사항을 고려하여 공사업자가 제출한 날부터 7일 이내에 검토·확인하여 승인한 후 시공할 수 있도록 하여야 한다. 다만 7일 이내에 검토·확인이 불가능한 때에는 사유 등을 명시하여 통보하고, 통보사항이 없는 때에는 승인한 것으로 본다.

① 설계도면, 설계설명서 또는 관계 규정에 일치하는지 여부
② 현장의 시공기술자가 명확하게 이해할 수 있는지 여부
③ 실제시공 가능 여부

④ 안정성의 확보 여부
⑤ 계산의 정확성
⑥ 제도의 품질 및 선명성, 도면작성 표준에 일치 여부
⑦ 도면으로 표시 곤란한 내용은 시공 시 유의사항으로 작성되었는지 등의 검토

(2) 시공상세도는 설계도면 및 설계설명서 등에 불명확한 부분을 명확하게 해줌으로써 시공 상의 착오방지 및 공사의 품질을 확보하기 위한 수단으로 다음 각 호의 사항에 대한 것과 공사 설계설명서에서 작성하도록 명시한 시공상세도에 대하여 작성하였는지를 확인한다. 다만 발주자가 특별 설계설명서에 명시한 사항과 공사 조건에 따라 감리원과 공사업자가 필요한 시공상세도를 조정할 수 있다.
① 시설물의 연결·이음부분의 시공상세도
② 매몰시설물의 처리도
③ 주요 기기 설치도
④ 규격, 치수 등이 불명확하여 시공에 어려움이 예상되는 부위의 각종 상세도면

8 검사업무(전력시설물공사 감리업무 제34조)

(1) 감리원은 다음 각 호의 검사업무 수행 기본 방향에 따라 검사업무를 수행하여야 한다.
① 감리원은 현장에서의 시공 확인을 위한 검사는 해당 공사와 현장조건을 감안한 "검사업무지침"을 현장별로 작성·수립하여 발주자의 승인을 받은 후 이를 근거로 검사업무를 수행함을 원칙으로 한다. 검사업무지침은 검사하여야 할 세부공종, 검사절차, 검사 시기 또는 검사빈도, 검사 체크리스트 등의 내용을 포함하여야 한다.
② 수립된 검사업무지침은 모든 시공 관련자에게 배포하고 주지시켜야 하며, 보다 확실한 이행을 위하여 교육한다.
③ 현장에서의 검사는 체크리스트를 사용하여 수행하고, 그 결과를 검사 체크리스트에 기록한 후 공사업자에게 통보하여 후속 공정의 승인여부와 지적사항을 명확히 전달한다.
④ 검사 체크리스트에는 검사항목에 대한 시공기준 또는 합격기준을 기재하여 검사결과의 합격 여부를 합리적으로 신속히 판정한다.
⑤ 단계적인 검사로는 현장 확인이 곤란한 공종은 시공 중 감리원의 계속적인 입회·확인으로 시행한다.
⑥ 공사업자가 검사요청서를 제출할 때 시공기술자 실명부가 첨부되었는지를 확인한다.
⑦ 공사업자가 요청한 검사일에 감리원이 정당한 사유 없이 검사를 하지 않는 경우에는 공정추진에 지장이 없도록 요청한 날 이전 또는 휴일 검사를 하여야 하며 이때 발생하는 감리대가는 감리업자가 부담한다.

(2) 감리원은 다음 각 호의 사항이 유지될 수 있도록 검사 체크리스트를 작성하여야 한다.
  ① 체계적이고 객관성 있는 현장 확인과 승인
  ② 부주의, 착오, 미확인에 따른 실수를 사전 예방하여 충실한 현장 확인 업무 유도
  ③ 확인·검사의 표준화로 현장의 시공기술자에게 작업의 기준 및 주안점을 정확히 주지시켜 품질 향상을 도모
  ④ 객관적이고 명확한 검사결과를 공사업자에게 제시하여 현장에서의 불필요한 시비를 방지하는 등의 효율적인 확인·검사업무 도모

(3) 감리원은 다음 각 호의 검사절차에 따라 검사업무를 수행하여야 한다.
  ① 검사 체크리스트에 따른 검사는 1차적으로 시공관리책임자가 검사하여 합격된 것을 확인한 후 그 확인한 검사 체크리스트를 첨부하여 검사 요청서를 감리원에게 제출하면 감리원은 1차 점검내용을 검토한 후, 현장 확인 검사를 실시하고 검사결과 통보서를 시공관리책임자에게 통보한다.
  ② 검사결과 불합격인 경우에는 그 불합격된 내용을 공사업자가 명확히 이해할 수 있도록 상세하게 불합격 내용을 첨부하여 통보하고, 보완시공 후 재검사를 받도록 조치한 후 감리일지와 감리보고서에 반드시 기록하고 공사업자가 재검사를 요청할 때에는 잘못 시공한 시공기술자의 서명을 받아 그 명단을 첨부하도록 하여야 한다.

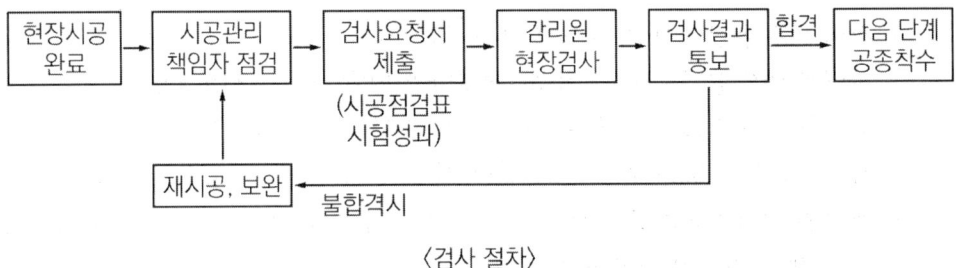

〈검사 절차〉

9 주요 기자재 공급원의 검토·승인(전력시설물공사 감리업무 제37조)

(1) 감리원은 공사업자에게 공정계획에 따라 사전에 주요기자재(KS의무화 품목 등) 공급원 승인신청서를 기자재 반입 7일 전까지 제출하도록 하여야 한다. 다만 관련 법령에 따라 품질검사를 받았거나, 품질을 인정받은 기자재에 대하여는 예외로 한다.

(2) 감리원은 시험성적서가 품질기준을 만족하는지 여부를 확인하고 품명, 공급원, 납품실적 등을 고려하여 적합한 것으로 판단될 경우에는 주요기자재 공급승인 요청서를 제출받은 날부터 7일 이내에 검토하여 승인하여야 한다.

(3) 감리원은 공사업자에게 KS마크가 표시된 양질의 기자재를 선정하도록 감리하여야 한다.

(4) 감리원은 주요기자재 공급원 승인 후에도 반입 사용자재에 대한 품질관리시험 및 품질변화 여부 등에 대하여도 수시로 확인하여야 한다.

⑤ 감리원은 주요기자재 공급승인 요청서를 공사업자로부터 제출받을 때 주요기자재에 대하여는 생산 중지 등 부득이한 경우에 대처할 수 있도록 대책을 마련할 것을 지시하여야 한다.

⑥ 감리원은 주요기자재 공급승인 요청서에 다음 각 호의 관계 서류를 첨부하도록 하여야 한다.
  ① 품질시험 대행 국·공립시험기관의 시험성과
  ② 납품 실적 증명
  ③ 시험성과 대비표

시험 항목	시방 기준	시험 성과	판정, 비고

10 현장상황 보고(전력시설물공사 감리업무 제40조)

(1) 감리원은 시공 중 불가항력적인 재해의 발생, 시공 중단의 필요성 등 감리원의 권한에 속하지 않는 사태가 발생될 경우에는 육하원칙에 따라 검토의견을 첨부하여 발주자에게 현장상황을 신속히 보고하고 그 지시에 따라야 한다.

(2) 감리원은 공사현장에 다음 각 호의 사태가 발생하였을 때에는 필요한 응급조치를 취하는 동시에 상세한 경위를 발주자에게 보고하여야 한다.
  ① 천재지변 등의 사유로 공사현장에 피해가 발생하였을 때
  ② 시공관리책임자가 승인 없이 2일 이상 현장에 상주하지 않을 때
  ③ 공사업자가 정당한 사유 없이 공사를 중단할 때
  ④ 공사업자가 계약에 따른 시공능력이 없다고 인정되거나 공정이 현저히 미달될 때
  ⑤ 공사업자가 불법하도급 행위를 할 때
  ⑥ 그 밖에 공사추진에 지장이 있을 때

11 감리원의 공사 중지명령 등(전력시설물공사 감리업무 제41조)

(1) 공사중지 및 재시공 지시 등의 적용한계는 다음 각 호와 같다.
  ① 재시공 : 시공된 공사가 품질확보 미흡 또는 위해를 발생시킬 우려가 있다고 판단되거나, 감리원의 확인·검사에 대한 승인을 받지 아니하고 후속 공정을 진행한 경우와 관계 규정에 맞지 아니하게 시공한 경우
  ② 공사 중지 : 시공된 공사가 품질확보 미흡 또는 중대한 위해를 발생시킬 우려가 있다고 판단되거나, 안전상 중대한 위험이 발견된 경우에는 공사중지를 지시할 수 있으며 공사중지는 부분 중지와 전면 중지로 구분한다.

- 부분 중지
  - 재시공 지시가 이행되지 않는 상태에서는 다음 단계의 공정이 진행됨으로써 하자 발생이 될 수 있다고 판단될 때
  - 안전시공상 중대한 위험이 예상되어 물적, 인적 중대한 피해가 예견될 때
  - 동일 공정에 있어 3회 이상 시정 지시가 이행되지 않을 때
  - 동일 공정에 있어 2회 이상 경고가 있었음에도 이행되지 않을 때
- 전면 중지
  - 공사업자가 고의로 공사의 추진을 지연시키거나, 공사의 부실 발생 우려가 짙은 상황에서 적절한 조치를 취하지 않은 채 공사를 계속 진행하는 경우
  - 부분 중지가 이행되지 않음으로써 전체 공정에 영향을 끼칠 것으로 판단될 때
  - 지진·해일·폭풍 등 불가항력적인 사태가 발생하여 시공을 계속할 수 없다고 판단될 때
  - 천재지변 등으로 발주자의 지시가 있을 때

12 공정관리(전력시설물공사 감리업무 제43조)

(1) 감리원은 해당 공사가 정해진 공기 내에 설계설명서, 도면 등에 따라 우수한 품질을 갖추어 완성될 수 있도록 공정관리의 계획수립, 운영, 평가에 있어서 공정진척도 관리와 기성관리가 동일한 기준으로 이루어질 수 있도록 감리하여야 한다.

(2) 감리원은 공사 시작일부터 30일 이내에 공사업자로부터 공정관리 계획서를 제출 받아 제출받은 날부터 14일 이내에 검토하여 승인하고 발주자에게 제출하여야 하며 다음 각 호의 사항을 검토·확인하여야 한다.

① 공사업자의 공정관리 기법이 공사의 규모, 특성에 적합한지 여부
② 계약서, 설계설명서 등에 공정관리 기법이 명시되어 있는 경우에는 명시된 공정관리 기법으로 시행되도록 감리
③ 계약서, 설계설명서 등에 공정관리 기법이 명시되어 있지 않을 경우, 단순한 공종 및 보통의 공종 공사인 경우에는 공사조건에 적합한 공정관리 기법을 적용하도록 하고, 복잡한 공종의 공사 또는 감리원이 PERT/CPM 이론을 기본으로 한 공정관리가 필요하다고 판단하는 경우에는 별도의 PERT/CPM 기법에 의한 공정관리를 적용하도록 조치
④ 특수한 현장여건으로 전산공정관리 등이 필요하다고 판단되는 경우에는 발주자에게 별도의 공정관리를 시행하도록 건의
⑤ 감리원은 일정관리와 원가관리, 진도관리가 병행될 수 있는 종합관리 형태의 공정관리가 되도록 조치

(3) 감리원은 공사의 규모, 공종 등 제반여건을 감안하여 공사업자가 공정관리업무를 성공적으로 수행할 수 있는 공정관리 조직을 갖추도록 다음 각 호의 사항을 검토·확인하여야 한다.
　① 공정관리 요원 자격 및 그 요원 수의 적합 여부
　② Software와 Hardware 규격 및 그 수량의 적합 여부
　③ 보고체계의 적합성 여부
　④ 계약공기의 준수 여부
　⑤ 각 공종별 작업공기에 품질·안전관리가 고려되었는지 여부
　⑥ 지정휴일과 기상조건 감안 여부
　⑦ 자원조달 여부
　⑧ 공사주변의 여건 및 법적제약조건 감안 여부
　⑨ 주 공정의 적합 여부
　⑩ 동원 가능한 장비, 그 밖의 부대설비 및 그 성능 감안 여부
　⑪ 동원 가능한 작업인원과 작업자의 숙련도 감안 여부
　⑫ 특수장비 동원을 위한 준비기간의 반영 여부
　⑬ 그 밖에 필요하다고 판단되는 사항

13 안전관리결과 보고서의 검토(전력시설물공사 감리업무 제49조)

(1) 감리원은 매 분기마다 공사업자로부터 안전관리 결과보고서를 제출받아 이를 검토하고 미비한 사항이 있을 때에는 시정하도록 조치하여야 하며, 안전관리결과보고서에는 다음 각 호와 같은 서류가 포함되어야 한다.
　① 안전관리 조직표
　② 안전보건 관리체제
　③ 재해 발생현황
　④ 산재요양신청서 사본
　⑤ 안전교육 실적표
　⑥ 그 밖에 필요한 서류

14 설계변경 및 계약금액 조정(전력시설물공사 감리업무 제52조)

(1) 발주자는 외부적 사업환경의 변동, 사업추진 기본계획의 조정, 민원에 따른 노선변경, 공법변경, 그 밖의 시설물 추가 등으로 설계변경이 필요한 경우에는 다음 각 호의 서류를 첨부하여 반드시 서면으로 책임감리원에게 설계변경을 하도록 지시하여야 한다. 다만 발주자가 설계변경 도서를 작성할 수 없을 경우에는 설계변경개요서만 첨부하여 설계변경 지시를 할 수 있다.
① 설계변경개요서
② 설계변경 도면, 설계설명서, 계산서 등
③ 수량산출 조서
④ 그 밖에 필요한 서류

15 기성 및 준공검사(전력시설물공사 감리업무 제55조)

(1) 검사자는 해당 공사 검사시에 상주감리원 및 공사업자 또는 시공관리책임자 등을 입회하게 하여 계약서, 설계설명서, 설계도서, 그 밖의 관계 서류에 따라 다음 각 호의 사항을 검사하여야 한다.
① 기성검사
  • 기성 부분 내역이 설계도서대로 시공되었는지 여부
  • 사용된 가자재의 규격 및 품질에 대한 실험의 실시 여부
  • 시험기구의 비치와 그 활용도의 판단
  • 지급기자재의 수불 실태
  • 주요 시공과정을 촬영한 사진의 확인
  • 감리원의 기성검사원에 대한 사전검토 의견서
  • 품질시험·검사성과 총괄표 내용
  • 그 밖에 검사자가 필요하다고 인정하는 사항
② 준공검사
  • 완공된 시설물이 설계도서대로 시공되었는지의 여부
  • 시공 시 현장 상주감리원이 작성 비치한 제 기록에 대한 검토
  • 폐품 또는 발생물의 유무 및 처리의 적정여부
  • 지급 기자재의 사용적부와 잉여자재의 유무 및 그 처리의 적정 여부
  • 제반 가설시설물의 제거와 원상복구 정리 상황
  • 감리원의 준공 검사원에 대한 검토의견서
  • 그 밖에 검사자가 필요하다고 인정하는 사항

16 준공검사 등의 절차(전력시설물공사 감리업무 제59조)

(1) 감리원은 해당 공사 완료 후 준공검사 전에 사전 시운전 등이 필요한 부분에 대하여는 공사업자에게 다음 각 호의 사항이 포함된 시운전을 위한 계획을 수립하여 시운전 30일 이내에 제출하도록 하고, 이를 검토하여 발주자에게 제출하여야 한다.
  ① 시운전 일정
  ② 시운전 항목 및 종류
  ③ 시운전 절차
  ④ 시험장비 확보 및 보정
  ⑤ 기계·기구 사용계획
  ⑥ 운전요원 및 검사요원 선임계획

(2) 감리원은 공사업자로부터 시운전 계획서를 제출받아 검토, 확정하여 시운전 20일 이내에 발주자 및 공사업자에게 통보하여야 한다.

(3) 감리원은 공사업자에게 다음 각 호와 같이 시운전 절차를 준비하도록 하여야 하며 시운전에 입회하여야 한다.
  ① 기기점검
  ② 예비운전
  ③ 시운전
  ④ 성능보장운전
  ⑤ 검수
  ⑥ 운전인도

(4) 감리원은 시운전 완료 후에 다음 각 호의 성과품을 공사업자로부터 제출받아 검토 후 발주자에게 인계하여야 한다.
  ① 운전개시, 가동절차 및 방법
  ② 점검항목 점검표
  ③ 운전지침
  ④ 기기류 단독 시운전 방법 검토 및 계획서
  ⑤ 실가동 Diagram
  ⑥ 시험 구분, 방법, 사용매체 검토 및 계획서
  ⑦ 시험성적서
  ⑧ 성능시험 성적서(성능시험 보고서)

06 시설물의 인수·인계 관련 감리업무

1 유지관리 및 하자보수(전력시설물공사 감리업무 제65조)

(1) 감리원은 발주자(설계자) 또는 공사업자(주요설비 납품자) 등이 제출한 시설물의 유지관리지침 자료를 검토하여 다음 각 목의 내용이 포함된 유지관리지침서를 작성, 공사 준공 후 14일 이내에 발주자에게 제출하여야 한다.

① 시설물의 규격 및 기능설명서
② 시설물 유지관리기구에 대한 의견서
③ 시설물 유지관리 방법
④ 특기사항

(2) 해당 감리업자는 발주자가 유지관리상 필요하다고 인정하여 기술자문 요청 등이 있을 경우에는 이에 협조하여야 하며, 전문적인 기술 등으로 외부 전문가 의뢰 또는 상당한 노력이 소요되는 경우에는 발주자와 별도로 협의하여 결정한다.

CHAPTER 08 연습문제

01 전기산업기사(2016년 1회)

감리원은 공사시작 전에 설계도서의 적정 여부를 검토하여야 한다. 설계도서 검토 시 포함하여야 하는 주요 검토 내용을 5가지만 쓰시오.

정답

- 현장 조건에 부합 여부
- 시공의 실제 가능 여부
- 타사업 또는 타공정과의 상호 부합 여부
- 설계도면, 시방서, 구조계산서, 산출내역서 등의 내용에 대한 상호 일치 여부
- 설계서에 누락, 오류 등 불명확한 부분의 존재 여부

02 전기산업기사(2016년 2회)

설계감리업무 수행지침의 용어 정의 중 전력시설물의 현장적용 적합성 및 생애주기비용 등을 검토하는 것을 무엇이라 하는지 쓰시오.

정답

설계의 경제성 검토

03 전기산업기사(2016년 3회)

( ) 안에 공통으로 들어갈 내용을 쓰시오.

> - 감리원은 공사업자로부터 ( )을(를) 사전에 제출받아 다음 각 호의 사항을 고려하여 공사업자가 제출한 날부터 7일 이내에 검토·확인하여 승인한 후 시공할 수 있도록 하여야 한다. 다만 7일 이내에 검토·확인이 불가능한 때에는 사유 등을 명시하여 통보하고, 통보사항이 없는 때에는 승인한 것으로 본다.
>   1. 설계도면, 설계설명서 또는 관계 규정에 일치하는지 여부
>   2. 현장의 시공기술자가 명확하게 이해할 수 있는지 여부
>   3. 실제 시공 가능 여부
>   4. 안정성의 확보 여부
>   5. 계산의 정확성
>   6. 제도의 품질 및 선명성, 도면작성 표준에 일치 여부
>   7. 도면으로 표시 곤란한 내용은 시공 시 유의사항으로 작성되었는지 등의 검토
> - ( )은(는) 설계도면 및 설계설명서 등에 불명확한 부분을 명확하게 해줌으로써 시공 상의 착오방지 및 공사의 품질을 확보하기 위한 수단으로 사용한다.

정답

시공상세도

04 전기산업기사(2017년 1회)

전력시설물공사 감리업무 수행 시 비상주 감리원의 업무를 5가지만 쓰시오.

정답

- 설계도서 등의 검토
- 중요한 설계변경에 대한 기술 검토
- 설계변경 및 계약금액 조정의 심사
- 기성 및 준공검사
- 감리업무 추진 시 기술지원
- 시공상의 문제점에 대한 기술 검토와 민원사항에 대한 현지조사 및 해결방안 검토

5 전기산업기사(2017년 2회)

책임 설계 감리원이 설계 감리의 기성 및 준공을 처리한 때에 발주자에게 제출하는 준공서류 중 감리기록서류 5가지를 적으시오. (단, 설계감리업무 수행지침을 따른다)

정답

① 설계감리일지
② 설계감리지시부
③ 설계감리기록부
④ 설계감리요청서
⑤ 설계자와 협의사항 기록부

6 전기산업기사(2017년 3회)

전기안전관리자에게 감리 업무를 수행하게 하는 공사를 2가지 적으시오. (단, 관계 법령은 전기사업법 및 전력기술 관리법을 따른다)

정답

- 비상용예비발전설비의 설치, 변경공사로서 총공사비가 1억 원 미만인 공사
- 전기수용설비의 증설 또는 변경공사로서 총공사비가 5천만 원 미만인 공사

07 전기산업기사(2018년 3회)

전력시설물공사 감리업무 수행지침상에서 책임감리원이 최종감리보고서를 감리기간 종료 후 발주자에게 제출할 때 최종감리보고서에 포함되는 사항 중 안전관리 실적의 종류를 3가지만 쓰시오.

정답

안전관리조직, 교육실적, 안전점검실적, 안전관리비 사용실적

08 전기산업기사(2020년 1회)

전력기술관리법에 따른 종합설계업의 기술인력을 3가지 적으시오.

정답

(전력기술관리법 시행령 제27조 제1항 中)

전기분야 기술사 2명

설계사 2명

설계보조자 2명

[모아] 전기산업기사 실기 핵심이론+문제풀이(개정판)

발행일	2024년 4월 8일 개정판 1쇄
지은이	김영언, 천은지
발행인	황모아
발행처	(주)모아교육그룹
주 소	서울특별시 영등포구 영신로 32길 29 세화빌딩 2층
전 화	02-2068-2393(출판, 주문)
등 록	제2015-000006호 (2015.1.16.)
이메일	moagbooks@naver.com
누리집	www.moate.co.kr
ISBN	979-11-6804-258-2 (13560)

이 책의 가격은 뒤표지에 있습니다.

Copyright ⓒ (주)모아교육그룹 Co., Ltd. All Rights Reserved.

이 책은 저작권법에 의해 보호를 받는 저작물이므로 저자와 출판사의 서면 허락 없이 내용의 전부 또는 일부를 이용하는 것을 금합니다.

전기산업기사 합격!
여러분의 합격은 모아의 보람입니다.

끊임없이 변화를
추구하는 교육기업

모아교육그룹

모아를 선택해주신 여러분께 감사드립니다.

- ✔ 모아는 혁신적인 교육을 통해 인간의 사고(思考)를
  확장 및 변화시킬 수 있다고 믿고 있습니다.
- ✔ 모아는 미래를 교육으로 변화시킬 수 있다고 믿고 있습니다.
- ✔ 모아는 청년부터 장년, 중년, 노년까지의
  성인교육에 중점을 두고 사업을 진행하고 있습니다.

초고령화, 불확실성의 시대
모아는 당신의 미래를 함께 하는 혁신적인 교육 플랫폼이 되겠습니다.